# 銃猟 Q&A 100

## 狩猟の疑問に答える本

『狩猟生活』編集部 編

答える人

佐藤一博（豊和精機製作所）

岡部 修（あくあぐりーん銃砲店）

内藤博文（博多銃砲店）

井戸裕之（ネットショップカカシラボ）

近藤能久（くまひさ）

広畑美加（大分県の猟師）

東 良成（三重県の猟師）

鈴木数馬（埼玉県の猟師）

西山萌乃（千葉県の猟師）

山と溪谷社

はじめに

　日本は狩猟〝自由〟大国である。意外に思われるかもしれないが、世界を見ると〝遊び〟としての狩猟を禁止している国は少なくない。たとえ禁止までしていなくても、狩猟を先住民族の固有文化の保護に限って認めていたり、外貨獲得のために外国人富裕層だけが行える特権的娯楽（スポーツハンティング）にしている国もある。

　その点、狩猟対象鳥獣や鳥獣保護区、猟期などについての決まりはあるものの、日本では基本的に誰でも自由に狩猟をすることができる。たとえば、子どもが猟期中にスズメをザルと米粒で捕ることは「自由猟」として認められているし、法定猟法（銃や罠、網を使った猟法）を行うための狩猟免許は、所定の要件を満たせば外国籍の人であっても取得可能だ。狩猟関連の税金も庶民が払える妥当な金額であり、低所得者向けに減税措置まである。

　このように、日本の狩猟が世界的に見ても〝異例〟と呼べるほど自由なのは、古くから「獲物を獲って食べる」という文化が、娯楽の一部として日本人の生活に溶け込んでいたからに他ならない。もちろん、仏教伝来から明治維新まで、「狩猟」という行為が法律などに明文化されることはなかったが、民話や落語といった大衆文化を見ればそれは明らかだ。狩猟が生活の一部でなければ、『カチカチ山』のおばあさんは、捕らえたタヌキを汁にして食おうなどと

は考えもしなかったはずだ。

　日本の狩猟が〝自由〟であることは、2023年の現在も変わっていない。なかでも猟銃や空気銃を使った「銃猟の世界」は多様性にあふれ、巻き狩りや忍び猟、流し猟など、銃を使った様々なスタイルの猟法が行われている。たとえば、かつては散弾銃が主流だった鳥猟では、ハイパワープレチャージ式空気銃の登場によって、まったく新しい猟法が開拓されつつあり、銃猟の楽しみ方のバリエーションはさらに拡大していきそうな気配だ。

　この多様性のある銃猟の世界をもっと楽しむためには、狩猟者として銃の扱いや操作に関する正しいノウハウを持ち、射撃のスキルを上げていくことが不可欠である。本書では、銃猟に関する疑問を5つの章に分けてトータル100問挙げ、独自のスタンスと考えで銃猟を実践する9人の回答者に答えてもらうことにした。ただし、本書は〝狩猟の教科書〟ではないので、手取り足取りのハウツーは載せていない。回答者からの答えをどう読み解き、自分の狩猟のスタイルにどのように取り込むかは、すべてあなた次第ということになる。

　とはいえ、本書で得た知識と技術を猟場で実践し、それを経験値としてひとつずつ積み重ねていくことで、あなたの〝狩猟力〟は確実に上がるはずである。健闘を祈る！

# CONTENTS

## CHAPTER 1
## 「銃」の疑問

Q1 初めての散弾銃を1挺選ぶなら
どの種類の銃がおすすめ？ ……10

Q2 散弾銃を選ぶときの口径に
12番、20番、410番とあるが ……12
どんな基準で選ぶ？

Q3 初心者だがライフル銃が欲しい
「10年縛り」は知っているが ……14
所持する裏ワザはない？

Q4 初スプリング式やガス式など
初めての空気銃を1挺選ぶなら ……16
どの銃がおすすめ？

Q5 銃の重さの「重い・軽い」で
性能はどのように変わる？ ……18
初心者が選ぶうえでの注意点は？

Q6 空気銃のペレットは
4.5～7.62㎜まで数種類あるが ……20
それぞれの違いと選び方は？

Q7 空気銃のパワー表記のft・lb
カモやキジなどを捕獲するなら ……22
どのくらいのパワーが必要？

Q8 プレチャージ式の空気充填手段
ハンドポンプとエアタンク ……24
どう違う？ どう選ぶ？

Q9 銃を安く購入したいが
中古銃や個人輸入は不安 ……26
初心者が注意するポイントは？

Q10 銃身のメンテナンスと
掃除の仕方を知りたい ……28

Q11 機関部や銃床などは
どのようにメンテナンスする？ ……30
メンテナンスの頻度は？

Q12 空気銃のメンテナンス
必要な道具とあると便利な道具 ……32
具体的な方法も知りたい

Q13 引き金の重さや遊びは
どのようにチェックして ……34
どう調整する？

Q14 プルレングスやグリップ長など
銃を体に合わせるための要素は？ ……36
体に合わないときの調整方法は？

Q15 照準器にはどんな種類がある？
照準器の役割や ……38
選ぶときの注意点を教えて

Q16 スコープってどう選べばいい？
値段はピンキリだけど ……40
性能にどんな違いがある？

Q17 スコープのスペックは
どうやって読む？ ……42
FFやSFって何の略？

Q18 アイアンサイトやドットサイトなど
等倍率の照準器を ……44
あえて選ぶ価値はある？

Q19 スコープやアイアンサイトなど
照準器の取り付けを ……46
自分でやる方法はある？

Q20 銃の色やアクセサリーなど
カスタマイズはどこまで可能？ ……48
無申請でできる改造はどこまで？

# CHAPTER 2
# 「装弾」の疑問

**Q21** 散弾銃で使う実包は どんな構造で どんな種類がある? ……… 52

**Q22** ライフル銃で使う実包は どんな構造で 薬莢や弾頭の種類は? ……… 54

**Q23** イノシシ・シカ・クマ 大物猟におすすめの 散弾銃とライフル銃の装弾は? ……… 56

**Q24** カモやキジなど大型鳥猟に 適した散弾の装弾は? ヒヨドリなど小型鳥猟には? ……… 58

**Q25** バックショットは なぜ危険とされている? 効果的に使用できる場面はない? ……… 60

**Q26** 弾頭の「重い・軽い」 火薬の「多い・少ない」で 弾道特性はどう変化する? ……… 62

**Q27** 狩猟用装弾の鉛規制 今後の動向はどうなる? 鉛に代わる素材には何がある? ……… 64

**Q28** 銃身の素材や長さによって 使える装弾、弾頭、火薬量などに 影響はある? ……… 66

**Q29** 回転不良(ジャム)って なぜ発生する? ジャム時の対策や防止方法は? ……… 68

**Q30** 弾を手詰め(自作)する ハンドロードって メリットはあるの? ……… 70

**Q31** ハンドロードに使う 薬莢や火薬、雷管などは どこで買う? どう選ぶ? ……… 72

**Q32** 散弾銃の粒弾や一発弾の ハンドロード方法と 必要な道具とは? ……… 74

**Q33** 散弾銃の装弾 ハンドロードするときの ポイントを教えて ……… 76

**Q34** ライフル銃のライフル実包 ハンドロードの方法と 必要な道具は? ……… 78

**Q35** ライフル銃の装弾 ハンドロードするときの ポイントが知りたい ……… 80

**Q36** ハンドロードの危険性や 事故事例はあるの? 注意点が知りたい ……… 82

**Q37** 価格の高騰や材料不足で ハンドロードの必要性は 今後増してくる? ……… 84

**Q38** 空気銃のペレット 重さや形状はどう違う? どう選べばいい? ……… 86

**Q39** 銃猟用火薬の消費期限と 余った場合の処理方法は? ……… 88

**Q40** 猟銃用火薬類の管理 購入数や消費数、保管残数など どう帳簿をつける? ……… 90

# CONTENTS

## CHAPTER 3
## 「射撃」の疑問

**Q41** 射撃スタイルの基本
動的射撃と静的射撃の……94
違いを教えて

**Q42** 素早く動く獲物やクレーを
散弾銃で撃ち落とす……96
コツやテクニックが知りたい

**Q43** 動的射撃の構え方で
重心の置き方や足の開き方などの…98
コツを教えて

**Q44** 動いている獲物はどう狙う?
獲物を外したときの……100
リカバリーの方法は?

**Q45** 獲物が急に走り出すと
焦って据銃がもたついてしまう……102
対策やコツはある?

**Q46** 飛ぶ鳥や走る獲物を
撃つための練習として……104
クレー射撃は効果ある?

**Q47** ランニングターゲットって
どんな競技?……106
動的射撃の練習に効果的?

**Q48** 動的射撃を上達させたい!
自宅でもできるような……108
練習方法があれば教えて

**Q49** なぜか撃っても当たらない
「当たらない病」……110
どのように対処する?

**Q50** 遠くにいる獲物を正確に撃ち抜く
静的射撃のコツや……112
テクニックがあれば教えて

**Q51** 精密な射撃をするためのスコープ
どのように調整する?……114

**Q52** ゼロイン調整に必要な道具
あったほうがいい道具とは?……116

**Q53** ゼロイン調整で
スコープのダイヤルを回す回数は……118
どのように計算する?

**Q54** 静的射撃の構え方
立射や座射、膝射、伏射の……120
コツを教えて

**Q55** スコープで獲物を狙うとき
うまく照準がつけられない……122
静的射撃のコツを教えて

**Q56** ゼロイン調整した距離より
標的が「近い・遠い」はどう判断?……124
照準はどう変わる?

**Q57** ゼロインよりも「近い・遠い」
「撃ち上げ・撃ち下ろし」で……126
どのように照準位置を変える?

**Q58** 静的射撃を上達させたい!
自宅でもできるような……128
練習方法があれば教えて

**Q59** ライフル銃の射撃はどう違う?
空気銃で動的射撃はできる?……130

**Q60** プレチャージ式の空気銃
残圧によって弾道はどう変わる?……132
弾道が安定する圧力の調べ方は?

## CHAPTER 4
## 「大物猟」の疑問

**Q61** グループ猟である
巻き狩りとはどんな猟法?……136

**Q62** 巻き狩りを始めたいが
猟隊を見つける方法は? ……138

**Q63** 巻き狩りのタツマ
装備の注意点と ……140
待ち伏せ場所の選び方は?

**Q64** 猟犬を引いて移動しながら
獲物を追い立てる勢子 ……142
動き方のコツや注意点は?

**Q65** 単独猟と呼ばれる猟法は
どんなやり方で狩りをするの? ……144
猟犬を使う単独猟も知りたい

**Q66** 流し猟って
どんな方法で狩りをするの? ……146
獲物を探すコツを教えて

**Q67** 忍び猟って
どんな方法で狩りをするの? ……148
必要な装備も教えて

**Q68** 忍び猟での獲物への近づき方
気づかれないようにするには ……150
どのように歩く?

**Q69** 獲物の痕跡には
どのようなものがある? ……152
痕跡を見るポイントは?

**Q70** 巻き狩りや単独猟の猟場で
他の狩猟者とバッティングしたら? ……154
防ぐ対策はある?

**Q71** シカのコール猟って
どんな猟法? ……156
必要な道具も知りたい

**Q72** シカに警戒鳴きされたら
どのように対応する? ……158
警戒を解く方法は?

**Q73** 大物を銃で狙うとき
狙う場所はどのように決める? ……160
「バイタルポイント」って何?

**Q74** 獲物を半矢で逃した場合
どのように追跡する? ……162
追跡するときのポイントは?

**Q75** ついに獲物を仕留めた!
射撃後の注意点や ……164
行うべきことを教えて

**Q76** 単独猟で大物を仕留めたら
どうやって引き出せばいい? 166

**Q77** 大物猟をするときの車
どんな車種が適している? ……168
軽トラ以外の選択肢はある?

**Q78** クマによる被害が増えているが
クマ猟をする際の注意点は? ……170

**Q79** 単独猟での事故やケガ
遭難など非常事態への対処は? ……172

**Q80** 猟場での救助に備えて
用意しておく装備とは? ……174
応急処置や止血方法も知りたい

# CHAPTER 5
# 「鳥猟」の疑問

**Q81** 鳥猟ってどんな猟?
散弾銃と空気銃 ……178
どちらを使うのがおすすめ?

**Q82** カモはどうやって捕獲する?
散弾銃と空気銃 ……180
それぞれの猟法を教えて

**Q83** カモ猟ってどこで行う?
猟場の見つけ方や ……182
探すときのポイントを教えて

# CONTENTS

**Q84** カモの判別が難しい!
種類を見分けるコツは?
錯誤捕獲を防止する対策は? ……… 184

**Q85** 撃ち落としたカモが水面に落ちた
どうやって回収する?
方法と道具を教えて ……… 186

**Q86** 日本の国鳥キジだが
どのように捕獲する?
捕獲の際の注意点も知りたい ……… 188

**Q87** 鳥猟での服装は?
迷彩服を着る効果はある? ……… 190

**Q88** 鳥猟で使う車は
どんな車種がいい? ……… 192

**Q89** ヤマドリを捕獲したい
どんな方法で獲ればいい? ……… 194

**Q90** 身近に生息する小鳥
ヒヨドリやキジバトは
どうやって捕獲する? ……… 196

**Q91** ドリやキジバトが集まる
「止まり木」の見分け方は? ……… 198
どうやって待ち伏せする?

**Q92** 猟鳥の女王ヤマシギや
同じシギ科のタシギは
どうやって捕獲すればいい? ……… 200

**Q93** 農業被害が大きいカラスだが
どうやれば捕獲できる? ……… 202

**Q94** 鳥猟では必須のアイテム
双眼鏡はどのように選ぶ? ……… 204
おすすめの価格帯は?

**Q95** 獲物を発見して
双眼鏡で見ようとすると ……… 206
どこにいるかわからなくなる

**Q96** 陸ガモ(水面採餌ガモ)と
海ガモ(潜水採餌ガモ) ……… 208
どう見分ける?

**Q97** 鳥猟に使役する猟犬は
どこで手に入れる?
譲り受ける際の注意点は? ……… 210

**Q98** 鳥猟犬として育てるための
訓練方法とは? ……… 212

**Q99** 鳥の羽抜きが大変!
羽抜きのコツや ……… 214
何かいい方法はない?

**Q100** 回収した鳥の下処理で
腸抜きは必要なの? ……… 216

おわりに ……… 218

銃猟Q&A回答者一覧 ……… 220

参考文献 ……… 222

# CHAPTER 1

# 「銃」の疑問

# 01

## 初めての散弾銃を1挺選ぶなら
## どの種類の銃がおすすめ？

猟法のこだわりがなければ
汎用性の高い半自動式を選ぼう

　初めて訪れた銃砲店で、実に様々な銃が並んでいることに驚かされた人も多いと思う。1挺数万円の中古銃から100万円を超えるアンティーク銃まで、デザインもメーカーも多種多様で目移り必至。なかでも銃猟の初心者を悩ませるのが「機構」の違いだ。現在、国内で所持が認められている猟銃の機構は、次の6種類に分かれる。

　銃身が左右に2本並ぶ「水平二連式」、銃身が上下に2本並ぶ「上下二連式」、ボルトレバーで排莢・装填を行う「ボルトアクション式」、ボルトに連結されたフィンガーレバーで操作する「レバーアクション式」、先台を前後にスライドさせる「ポンプアクション式」、引き金を引く操作によって弾が自動で装填される「セミオートマチック式（半自動式）」だ。このセミオートマチック式は、引き金を引きっぱなしで弾を連射するフルオート式（自動撃発式）とはまったく別の機構であり、フルオート式は国内での所持は認められていない。1挺

　では、数ある散弾銃のなかからどの1挺

を選べばいいのだろう？

　「狩猟に使うなら半自動式がいいでしょう」と話すのは、博多銃砲店の内藤博文さんだ。「ポンプアクション式やレバーアクション式は射手が手動で弾の装填・排莢をしなければなりませんが、半自動式はこれを自動でやってくれます。発射に装填などの余計な操作が必要ないため、照準が狂いにくいというメリットがあります。銃の初心者でも安定して射撃ができると思います」

　これに対して、「あらかじめ自分がどんな狩猟がしたいのかを決めてから銃を選んだほうがいい」というのは、カカシラボの井戸裕之さんだ。「確かに半自動式は初心者でも射撃がしやすい機構ですが、同じ銃猟でも空を飛ぶ鳥を撃つのと、地面を走る大型獣を撃つのとでは、銃の扱い方は大きく異なります。まずは自分がやりたい狩猟のスタイルを決めて、それに合った銃選びをしたほうがいい」という意見だ。

　具体的には、カモやキジといった飛ぶ鳥を落とす狩猟がしたいのであれば、連射が

# 散弾銃の機構は6種類

水平二連式（両引き）
メルケルサイドロック

レバーアクション式
ウィンチェスター M1887

上下二連式（単引き）
ブローニングシトリ

ポンプアクション式
ウィンチェスター M12

ボルトアクション式
MSS-20

セミオートマチック式（半自動式）
ベレッタ A400

可能で横方向の動きを追いやすい上下二連式が向いているし、ひとりで山に入ってイノシシやシカなどを気づかれることなく長距離から一発で狙撃して仕留めたいのであれば、最も精度がでるボルトアクション式がおすすめだという。

## 銃の性能ではなく
## 長く使える銃を選ぶのも一案

このように「銃の性能」に着目して選んだほうがいいという意見が出される一方、「自分が〝惚れた〟銃を選ぶべき」と話すのが、豊和精機製作所の佐藤一博さんだ。「現在の日本の銃制度では、銃を何挺も持ったり、頻繁に買い替えたりするのは、費用的なことを考えると負担も大きいと思います。そう考えると自分が気に入った銃、つまり愛着を持って長く使える銃を選ぶのが一番いいと思います」

確かに、銃猟を始めたいと思う動機が人

それぞれ違う以上、漫画や映画、小説などを読んで狩猟を始めようと思った人のなかには、作中の登場人物が巧みに銃を扱うのを見て、「自分もその銃が持ちたい」と思った人もいるだろう。ポンプアクション式やレバーアクション式の銃は手動で弾を装填しなければならないため、「狩猟」という用途では半自動式よりも劣る面があるのは否めない。しかし、弾を装填するときの「ガシャン！」という小気味よい音は、自分がガンマンや特殊部隊の隊員にでもなったような気分にさせてくれる。

結論としては、狩猟の目的が明確ならばその目的に特化した機構の銃、特に決まっていなければ汎用性の高い半自動式、どちらでもなければ〝惚れた銃〟を選ぶのが無難ということになりそうだが、銃の機構によって「やりにくくなる」猟法はあっても、「できなくなる」猟法というものはないので、心配はいらない。

# 散弾銃を選ぶときの口径に 12番、20番、410番とあるが どんな基準で選ぶ?

**ANSWER**

## 基本的には12番が無難な選択だが 大物猟だけなら20番もあり

散弾銃を選ぶうえでは〝口径〟の選択も重要なポイントとなる。口径とは「弾が飛び出す穴の開口長さ」のことで、その銃に込める（装填する）弾は、その銃の口径に合わせたものしか使用できない。

散弾銃の口径は、1ポンド（約454g）の鉛の真球を撃ち出すことのできる口径を「1番（1ゲージ）」と呼び、弾の分割数で番数がつけられている。たとえば、1ポンドの8分の1の弾を撃ち出すことができる口径は「8番」、12分の1の弾を撃ち出すことができる口径は「12番」となる。ちなみに「1ポンドの弾」というのは航空機を撃ち落とす砲弾のサイズであり、とても人間が銃として携行できる代物ではない。人間が銃として扱えるサイズは、せいぜい8番（1/8ポンドの弾を撃ち出せる口径）までだが、それでも「トドなどの海獣を駆除する」といったかなり特殊な用途でしか用いられない。

歴史的に見ると散弾銃の口径は無数にあったわけだが、時代とともに淘汰されて

いった結果、現在では10番、12番、16番、20番、28番、410番の6種類が生き残っている。10番、16番、28番は日本国内で見ることはほぼないため、選択肢としては12番、20番、410番という3つに絞られる。なお、410番というのは先の命名法とは異なり、「口径長が0.41インチの散弾銃（ライフル銃と命名法は同じ）」という意味を持っており、散弾銃の最小口径となっている。

では、散弾銃では12番、20番、410番という口径を、どのような基準で選ぶべきなのだろう?

「12番がいいでしょうね。現在、世界的に最もよく使われているのが12番口径なので、銃の種類も豊富です。また、クレー射撃をするにしてもこの口径一択といえます」と話すのは、あくあぐりーん銃砲店の岡部修さんだ。元クレー射撃の選手という岡部さんによると、散弾銃の場合、口径が大きければ大きいほど撃ち出す粒弾の数が多くなるので、3種類の中で最も口径が大

# 散弾銃の口径（GA＝ゲージ）の違い

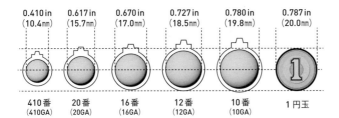

| 0.410 in<br>(10.4mm) | 0.617 in<br>(15.7mm) | 0.670 in<br>(17.0mm) | 0.727 in<br>(18.5mm) | 0.780 in<br>(19.8mm) | 0.787 in<br>(20.0mm) |
|---|---|---|---|---|---|
| 410番<br>(410GA) | 20番<br>(20GA) | 16番<br>(16GA) | 12番<br>(12GA) | 10番<br>(10GA) | 1円玉 |

散弾銃の口径は大きいほど大量のペレット（重たいスラッグ弾）を発射できる。日本国内で一般的に許可が下りるのは12番まで。10番はトドの駆除など特殊な用途での未許可が下りる

きい12番を使うことで、高速で移動する標的にも命中させやすくなるという。

「もうひとつ、12番は弾の値段が安いというメリットもあります。流通量の少ない弾は輸送コストなどが乗って単価が高くなってしまいますが、12番は最も多く流通している口径なので割安です」と、岡部さんは銃砲店の店主らしく〝ランニングコストの優位性〟も指摘する。

## 一発弾のスラッグ弾を使うのなら20番のほうが使いやすい?

12番を推す意見が他の回答者からも多く聞かれるなか、20番のメリットを挙げる人もいた。年間200頭の獲物を捕獲する専業猟師の東良成さんだ。

「私は12番と20番の散弾銃を1挺ずつ所持していますが、趣味の狩猟では20番の上下二連式散弾銃をよく使っています。12番しか使っていなかったときはほとんど気にしていませんでしたが、20番を使うと〝発射時の反動の少なさ〟に驚かされます」とその違いを説明する。東さんは仕事としての狩猟では命中精度の高いライフル銃を使っているが、趣味としての狩猟では20番のスラッグ弾を使っているという。

一般的に散弾銃は「鉛の小粒弾を大量にばらまく銃」と思われがちだが、実は「スラッグ弾」と呼ばれる1粒の大弾を発射することもできる。このスラッグ弾は粒弾に比べてはるかにパワーがあるため、イノシシやシカ狩りに用いられるのだが、粒弾に比べて発射時の反動が大きいという欠点がある。発射時の反動が大きいと銃身が大きく跳ね上がって狙いが反れるだけでなく、強い反動に対して体が防御反応を起こし、無意識に銃口が下を向いて狙いがズレてしまう。東さんはこの反動をやわらげるために、「スラッグ弾を使うのであれば12番よりも20番のほうが使いやすい」と考えるようになったそうだ。

もしあなたがスラッグ弾を使ってイノシシやシカを専門に狩りたいのであれば、20番を選択してみるのもいい。20番の散弾銃の中には「ミロクMSS-20」というスラッグ射撃に特化したモデルもあり、日本の狩猟者の中では特に人気が高い。それ以外の用途であれば12番が無難な選択といえそうだ。なお、410番は「20番よりも軽量で反動が少ない」といったメリットはあるが「弾の入手が難しい」といったデメリットも大きいとのこと。

# 初心者だがライフル銃が欲しい
# 「10年縛り」は知っているが
# 所持する裏ワザはない?

ANSWER

## 駆除活動に従事するなら可能性アリ
## ハーフライフルという選択も一考

日本で狩猟やスポーツのために所持できる銃は「猟銃」と「空気銃」の2種類に限られる。「猟銃」はさらに、「散弾銃」と「ライフル銃」に分類できる。

グローバルスタンダードとしては、「鳥猟には散弾銃」「大物猟にはライフル銃」という選択が一般的だが、日本では事情が大きく異なる。それが「散弾銃を10年以上所持しなければライフル銃の所持許可が下りない」という特殊な決まりだ。つまり、初心者は10年間ライフル銃を持つことができないのである。俗にいうライフル銃の〝10年縛り〟といわれるものだ。

この決まりが生まれたのは、昭和46年の銃刀法改正による。当時、日本国内では「少年ライフル魔事件」(昭和40年)や「瀬戸内海シージャック事件」(昭和45年)など、銃砲店から盗まれたライフル銃による犯罪が頻発。「犯罪に使われる危険性を抑えるため」という理由に加え、初心者ハンターによるライフル銃を使った事故が多発していたという社会事情もあり、ライフル銃の所持許可基準が厳格化されたという経緯がある。

「基本的には散弾銃を10年所持し続けないと、ライフル銃は所持できません。しかし、職業として大型獣を捕獲する人や、農林業の被害を防止する目的がある人であれば、1年目から所持することも可能です」と話すのは岡部さんだ。右表に示す「銃刀法第5条の2第4項第1号」の規定により、たとえ狩猟免許を取得したばかりの人でも、農林業への被害が発生している状況において、それを防ぐという目的に限定して例外的にライフル銃の所持が認められるのだ。

「この規定は趣味として狩猟を楽しみたいという人には適用されないので、裏ワザ的に使うことはできません。しかし、農林業への被害を防ぐために野生鳥獣を捕獲する専門猟師として仕事をしたいと思っている人や、農林業など自身の生業に影響のある大型獣を捕獲(駆除)する目的で狩猟をはじめるという人は、この規定を覚えておくといいでしょう」(岡部さん)

## ライフル銃並みの精度を出せる サボット銃という選択

なんとかしてライフル銃を持てないかという疑問に対して、別の視点からアドバイスするのが内藤さんだ。

「初心者の人でも所持できる猟銃として、ライフル銃並みの精度を出せる『サボット銃』があります。鳥猟には興味がなく、大物猟だけやりたいという人であれば、最初からサボット銃を選ぶというのも手です」

サボット銃とは「ライフルドスラッグガン（RSG）」と呼ばれるタイプの散弾銃のことで、その名のとおり銃身に〝ライフリング〟が掘り込まれており、サボットと呼ばれる特殊な装弾を使用することで、ライフル銃並みの精度を出すことができる。

「ただし、日本の法律では『ライフリングがある銃はライフル銃』と定義されているため、このRSGを海外から輸入したときに国内でライフリングが1/2以下になるように削り取ることで、ライフル銃とは別の銃に仕立てたのです」と内藤さん。

サボット銃が別名〝ハーフライフル銃〟

と呼ばれるのもこのためだが、サボット銃は初心者でも所持することができるし、散弾銃のスラッグ弾よりも精密な射撃ができるため、大物猟専門のハンターを目指す人にとってひとつの選択肢となるだろう。

一方、猟場によってはライフル銃にこだわる必要はないと話すのが、20番散弾銃でスラッグ射撃も行う東さんだ。

「私の通う猟場は鬱蒼とした森林であまり視界がよくないので、獲物との距離も比較的近いため、20番のスラッグ弾でも十分大物を捕獲できます。日本の猟場の大半は高低差のある森林地帯なので、銃の使い勝手のことも考えたほうがいいでしょう」

確かにこのような場所では、獲物が尾根を走ることも多いため、撃ち上げた弾が流れ弾になり、民家や車に命中する危険性もある。こうしたリスクを最小限に抑えるために、飛距離が出るライフル弾が規制されているという側面もあるのかもしれない。しかし、散弾銃の〝使用実績〟ではなく、〝所持期間〟がライフル銃所持の基準になっている理由は、規制がはじまった当初から現在まで、明確に示されてはいない。

# ライフル銃所持を例外的に認める根拠

銃砲刀剣類所持等取締法第5条の2第4項1号の規定

### 許可の対象となる者

- ●農業、牧畜業、林業等を営む人、又はこれに従事する人。
- ●当該事業に対する「ツキノワグマ、ヒグマ、イノシシ（イノブタを含む。）、及びニホンジカ」による被害があり、その被害を防止することが必要であると認められる人。

### 許可に必要な条件等

- ●申請者の行う農林業等の事業に対する獣類による被害について明らかにする、県又は市町村による証明書等の関係書類を添付すること。
- ●有害鳥獣駆除が行われている市町村において、各種柵の設置やワナ、散弾銃等を利用した駆除が行われているにもかかわらず、被害が発生していること。
- ●市町村において、ライフル銃（大口径）を使用しての有害鳥獣駆除の許可が認められること。

# 04

## スプリング式やガス式など
## 初めての空気銃を1挺選ぶなら
## どの銃がおすすめ？

**ANSWER**

## 予算が合うならプレチャージ式
## スプリング式は安価だが扱いが難しい

　散弾銃と同じように、空気銃にもいくつかの種類がある。現在、日本ではスプリングピストン式、マルチストローク式、ガスカートリッジ式、プレチャージ式という4種類がおもに流通している。空気銃の選択は猟銃以上に狩猟スタイルに影響を与えるので、初心者はそれぞれの特徴と長所、短所を理解しておきたい。

　スプリングピストン式（以下スプリング式）はバネの力でピストンを動かし、圧縮した空気圧で弾を飛ばす方式。ピストンを押すと空気が針先から噴き出す注射器を想像すればわかりやすい。この方式ではピストンをバネの力で押し、先端から押し出された空気で弾を飛ばすようなイメージだ。

　マルチストローク式は別名「ポンプ式」とも呼ばれる。散弾銃にもポンプ式があるため、空気銃では区別するためにマルチストロークという言葉を使う。銃に取り付けられたレバーを動かすことで銃内部のタンクに少しずつ空気が溜められていき、十分に溜まった状態で引き金を引くと、溜めて

いた空気が一気に放出されて弾が飛び出す仕組みだ。ペットボトル内に溜めた空気を一気に放出させて飛ばす「ペットボトルロケット」の原理とよく似ている。

　ガスカートリッジ式（以下ガス式）は、銃に取り付けられたチャンバー内に液化炭酸ガスの入ったボンベを封入し、チャンバー内で炭酸ガス化させることで弾を飛ばす仕組み。家庭用の炭酸水メーカーでは小さな金属製カートリッジが使われるが、ガス式ではこれとまったく同じものを銃内に込めて使用する。

　プレチャージ式、またはPCP（プリチャージド・ニューマチック）と呼ばれる種類は、銃に取り付けられたシリンダータンクに高圧空気をあらかじめ注入しておき、その気圧を少しずつ使用しながら弾を飛ばす方式だ。スキューバダイビングではエアタンクを背負うが、プレチャージ式は小型のエアタンクが銃に取り付けられている。

　果たしてこの4種類のなかから何を基準にして銃を選べばいいのか？　空気銃に精

16

## 主な空気銃の種類

### スプリングピストン式

シリンダー内の空気を、強力なバネが付いたピストンで押し出してペレットを飛ばす方式。空気銃のなかでは最も普及している方式

### マルチストローク式

本体に装備されたレバーを複数回ポンピングして、チャンバー内に空気を圧縮。引き金を引くことで銃口から空気圧を開放する方式

### ガスカートリッジ式

液体ガスが入った炭酸ガスカートリッジをタンクに入れ、針付きのフタを閉めるとカートリッジに穴が開いてタンク内にガスが充満する

### プレチャージ式

銃の構造の一部に空気を溜めるシリンダーが付いていて、そこにエアタンクやハンドポンプで圧縮空気を充填し、ペレットを発射する

通する佐藤さんによると、プレチャージ式がベストチョイスだという。「かつて空気銃は、スズメやキジバトぐらいしか撃てない威力のない銃と揶揄されることもありましたが、近年はプレチャージ式が大きく進化。100m先のカモやキジなどの大型鳥を仕留めるパワーを持っています」と話す。

プレチャージ式に付属するシリンダータンクには200気圧以上の空気が封入されているのだが、大型トラックのタイヤが10気圧程度であることを考えれば、その20倍という高い圧力でわずか1グラム程度の弾を飛ばすわけだから、凄まじい速度になることは想像に難くないはずだ。

## スプリングピストン式の
## 値段の安さも魅力

プレチャージ式以外の選択肢としては、パワーの面ではガス式やマルチストローク式も大型鳥を仕留められるパワーは持っている。ただし、マルチストローク式は1発撃つごとに空気を充填する作業が必要にな

るので、連射ができないという欠点がある。ガス式は数発までなら連射できるが、炭酸ガスの気化によってチャンバー内部が冷え、次第に気化しにくくなる。つまり、連射をすると弾を発射するための圧力が減り、パワーが下がっていってしまう。

一方、岡部さんはスプリング式の値段の安さが魅力だという。「プレチャージ式は新銃の本体価格が20〜50万円程度なので、スプリング式は半分以下の12万円程度で買えます。しかもプレチャージ式のように空気を充填する装置が必要ないので、お手軽な空気銃として選ぶお客さんが多くなりました」と話す。

確かにスプリング式は〝お手軽〟な空気銃だが、決して〝簡単〟な銃ではないと佐藤さんは指摘する。

「スプリング式は弾を発射するときにバネの振動という特殊な反動があるので、この振動をうまく体でいなして射撃しないと、命中させるのが難しいということを理解しておく必要があります」

# 銃の重さの「重い・軽い」で性能はどのように変わる？初心者が選ぶうえでの注意点は？

**ANSWER**

## 軽いほど猟場での負担が減り重い銃は射撃の安定感がよくなる

銃の〝重さ〟は射撃に大きな影響を与えるため、設計はほぼ同じなのに、重量を変えた別のモデルが存在する銃もある。

たとえばセミオート式散弾銃「レミントンM11-87」の重量は約3.6kgだが、機関部を肉抜きしておよそ3.3kgまで軽量化した「M11-96」というモデルがある。同じセミオート式散弾銃でも「ベレッタ A400 エクスプローラー・ユニコ」というモデルは、約3kgとM11-96よりもさらに重量が軽いし、「エクスプローラー・ライト」と呼ばれるモデルは約2.85kgまで軽量化が図られ、「フランキ48AL」という20番口径のセミオート式散弾銃に至っては、約2.4kgとさらに軽量につくられている。

このように各社が軽量化にしのぎを削っている理由は、市場が〝軽い銃〟を求めているからにほかならない。では、銃が軽いことのメリットとは何なのだろうか？

「銃の重さはたとえ〝100g〟の差でも、体にかかる負担はかなり違います。プロの登山家が1gでも荷物を軽量化しようと必死になるように、銃を持って山を歩くスタイルの猟法では、軽い銃を選んだほうがいいでしょう」と佐藤さんは言う。銃を持って山を歩きまわる〝渉猟〟のスタイルでは、軽い銃には「体力の消耗を防ぐ」という大きなメリットがあるからだ。

「疲労によって起こる足や腕の震え、呼吸による体の上下運動、心臓の脈動などによって狙いが狂うため、疲労感を抑えることは精密な射撃には特に重要な要素です。渉猟に特化したマウンテンライフルと呼ばれる銃は、疲労感を抑えるために可能な限り軽量化が図られています」（佐藤さん）

「軽い銃がいい」という意見はほかの回答者からも多く出されたが、「精密な射撃をするなら銃はある程度重たいほうがいい」と話すのは、埼玉県の猟師鈴木数馬さんだ。「銃は軽いと射撃時の反動が大きくなるので、軽い銃で連射をすると狙いが大きく反れてしまう可能性があります。体力的に許すのであれば、トータルで考えるとそれなりの重さがあったほうがいいと思います」

# 銃の重さによるメリットとデメリット

| | 軽い | 重たい |
|---|---|---|
| メリット | ●持ち運びがしやすく、疲労感が少なくなる<br>●銃を構える動作（据銃）で、腕や足腰への負担が少ない | ●射撃時の反動が小さくなる<br>●バイブレーションが少なくなる<br>●据銃をしたときに安定感が出る |
| デメリット | ●反動による肩や腕への負担が大きく、精密な連射が難しくなる<br>●横風によって照準が狂うことがある | ●持ち歩く際に体力を消耗する<br>●据銃動作を続けると腕への負担が大きく、疲労で照準が狂いやすくなる |

と鈴木さんは言う。

## 猟法や求める射撃精度で銃の重さを選ぶ

　散弾銃やライフル銃などの猟銃は、狩猟だけでなくクレー射撃や静的射撃といったスポーツにも用いられるが、こうしたスポーツ用に特化した猟銃の多くは重厚に設計されており、4kgを超えるものも少なくない。一般的に銃は軽くなるほど、弾を発射したときの反動（リコイル）が大きくなる。これは弾を前方に射出する反作用で銃自体が後退するためで、銃の重さが軽いほど後退するスピードが速くなるため、銃を支えている肩や頬、腕に強い衝撃が加わるからだ。リコイルを射手がうまく制御しきれないと銃身が跳ね上がってしまい、連射ができなくなるといったデメリットもある。「女性には軽い銃がいい」と言われるが、軽い銃は反動が大きいので、筋肉量の少ない女性は肩を痛めやすいので注意が必要だ。「銃身が薄いと弾を発射するときにバイブレーションが発生し、狙いが反れる原因になります」と指摘するのは、佐藤さんだ。佐藤さんが言うバイブレーションとは、発射された弾頭が銃身内を通るときに、銃身自体が振動を起こして照準がブレてしまう

現象のこと。原理的に散弾銃ではほとんど無視できるレベルだが、ライフル銃の場合は弾頭とライフリングが密着しながら進むため、非常に大きな誤差となる。そのため、小動物のような小さな的を狙う用途で開発された「バーミントライフル」と呼ばれる種類のライフル銃は、一般的なライフルよりも銃身が厚めにつくられており、バイブレーションを抑えて精密性を高める工夫がされている。

　重たい銃は確かに体力を消耗するというデメリットはあるが、車で移動しながら獲物を探す「流し猟」や、獲物が飛んでくるまで待機するカモの「待ち伏せ猟」などでは、体力の消耗に対する銃の重さによる影響はそれほど大きくない。射撃の精度を重視するのであれば、重たい銃のほうが安定するのは間違いないだろう。

　最後にもうひとつ、銃の重さだけでなく、実際に持ったときの〝バランスのよさ〟も考慮すべきと佐藤さんは言う。「プレチャージ式の空気銃は総じて重量が4kg以上ありますが、ブルパップと呼ばれるスタイルの銃は重心のバランスがいいので疲労感をあまり感じません。銃を選ぶ際はスペック上の重量だけでなく、実際に持って構えてみることも大切なポイントです」

# 06

## 空気銃のペレットは 4.5〜7.62㎜まで数種類あるが それぞれの違いと選び方は?

**ANSWER**

### 流通量の多い5.5㎜を選ぶのが基本 大型鳥類メインなら6.35㎜も選択肢

散弾銃の口径は「番径」という形で表記されるが、ライフル銃や空気銃の場合は、銃口の実測値で表記される。日本で狩猟用途の許可が下りるライフル銃は、口径が最短で0.236インチ（5.99㎜）以上とされており、空気銃は日本の法律上、口径が8㎜以下なら所持許可を受けることができる。

ライフル銃選びは口径ではなくどのタイプの薬莢を使うかが重要な要素であり、自身の狩猟スタイルや狙う獲物によってその選択も変わってくる。空気銃は散弾銃と同じで、口径に適合するサイズのペレットしか使えないため、口径の選択が狩猟スタイルに大きな影響を与えることになる。時代によってさまざまな空気銃の口径が生まれては消えてきたが、現在は4.5㎜、5.0㎜、5.5㎜、6.35㎜、7.62㎜の5種類が流通している。

そんな空気銃の口径選びについて、佐藤さんは次のように解説する。

「基本的には5.5㎜を選択するといいでしょう。メーカーの多くが5.5㎜を基準に狩猟用空気銃を設計しているため、最も流通量が多い口径になります。流通量が多いということは選択できるペレットの幅も広がるので、スズメからキジまで空気銃で捕獲できるすべての獲物に対して、オールマイティに使うことができます」

ライフリングを持つ銃身には、使用する弾との相性が大きく現れるため、相性のいい弾を探すために試射を繰り返す必要がある。ライフル銃やハーフライフル銃では、ハンドロード（手詰め）で弾頭や火薬量を細かく調整していくわけだ。しかし、空気銃にはハンドロードという概念がないため、相性のいいペレットを探すには多くの種類の弾を購入しなければならない。「この点でも最も流通量の多い5.5㎜口径は、ペレットの選択幅が広いので他の口径よりも有利です」と佐藤さんはいう。

なお、装薬銃の装弾は火薬類取締法で厳しく規制されているため、許可なく他人に譲ったりもらったりすることはできない。空気銃のペレットにはそういった規制がないので、同じ口径同士でさまざまなペレッ

# 空気銃のペレットの口径の違い

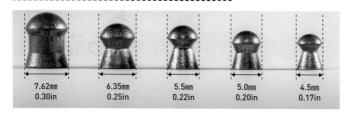

| 7.62mm<br>0.30in | 6.35mm<br>0.25in | 5.5mm<br>0.22in | 5.0mm<br>0.20in | 4.5mm<br>0.17in |

口径は大きいほど命中時のパワーも大きくなるが、弾速が遅くなるため直進性に劣る。4.5mmは最も直進性に優れるが、風による影響が大きいので実猟よりも競技向け

トを購入し共有することも可能だ。

## 駆除や止め刺し用ならば
## 5.5mmよりも大きな口径も人気

では、5.5mmが空気銃における主流の口径だとするならば、それよりも口径の小さい4.5mm、5.0mmという選択はどうなのか。
「5.0mmは日本製の古い空気銃でよく使われていた口径です。シャープ製のイノバやエースハンターといった、国産のマルチストローク式空気銃を所持したければ、この口径を選ぶといいでしょう。最小口径である4.5mmは、主に標的射撃に使用される口径です。弾道の直進性が高く精密な射撃が可能ですが、実猟においては風の影響を大きく受けるといったデメリットがあります。弾が小さいということは重量も軽いので、獲物に与えるダメージも小さくなります。ヒヨドリやキジバトなどの小型鳥を専門に狙うのであればパワーは十分なので、あえて4.5mmを選択しているベテランハンターもいます」

一方、5.5mmよりも大きい口径の選択について、内藤さんは次のように答える。
「カラスなどの大型鳥や小動物の駆除目的で空気銃を持つのであれば、5.5mmよも6.35mmをおすすめします。6.35mmは5.5mより

も獲物に命中したときの肉の損傷が大きくなるので、食肉を目的とするカモやキジ猟ではデメリットになります。しかし、食用を目的としない狩猟であれば、6.35mmのほうがより確実に仕留められます。6.35mmは近年、人気が急上昇している口径でもあり、最近は5.5mmに引けを取らないぐらいペレットの種類も増えてきています」

また、6.35mmよりもさらに大きな口径の7.62mmについては、止め刺し用として使う人も多いというのが岡部さんだ。
「7.62mm口径は狩猟よりも罠にかかった獲物の止め刺しによく使われます。命中時のダメージが大きいので、箱罠やくくり罠にかかったイノシシやシカを、安全に仕留められます」

止め刺し用の銃は連射する必要がないため、最近は1発だけ装塡して発射するスプリングピストン式の空気銃が、コストパフォーマンス的にも優れているということで人気が高いという。7.62mm口径のスプリングピストン式空気銃でも鳥猟は不可能ではないが、発射時のバネによる反動が非常に大きいため、遠距離射撃にはコツがいる。現時点ではペレットの選択肢もほとんどないため、狩猟用途としては選択に入れないほうが無難といえそうだ。

# 07

## 空気銃のパワー表記の ft・lb カモやキジなどを捕獲するなら どのくらいのパワーが必要？

ANSWER

ハイパワーの基準は20ft·lb以上 パワーが高いほど射撃はしやすくなる

空気銃のパワーの指標は「ft·lb（フィートポンド）」という物理量で示される。一般的に仕事量の物理単位は、国際単位系である「Nm（ニュートンメートル）」や「J（ジュール）」が用いられるが、空気銃はイギリスで発展してきたという歴史があるため、慣習的にイギリスの単位系ヤード・ポンド法が用いられている。このほかにも、空気銃で扱う単位は、距離を表す「ヤード＝yd」や「インチ＝in」、重さを表す「ポンド＝lb」や「グレイン＝gr」など、日本人には聞きなれない単位で表示される。

狩猟という目的を考えると、空気銃のパワーが高ければ高いほど有利になるように思えるが、これについて岡部さんは次のように解説する。

「50 ft·lbを超える空気銃が登場しているように、ここのところ空気銃の〝ハイパワー化〟が目覚ましいスピードで進んでいます。パワーが上がれば獲物に命中したときに与えるダメージも大きくなるため、獲物を仕留めやすくなります」

「空気銃で撃てるのはキジバトやスズメぐらい……」と言われていた頃の空気銃のパワーは10ft·lb程度だから、いまやそのパワーは5倍以上ということになる。

「ハイパワーであることには弾道の〝平坦性〟というメリットもあります。パワーが弱ければペレットを飛ばす速度も遅くなるため、遠くの獲物を狙うためにはペレットを山なりに飛ばさなければなりません。山なりということは、距離によって着弾点の上下差が大きくなるため、精密射撃の難易度が上がります。ハイパワーによって高速で弾を発射できれば、弾道が直線的になるので距離による上下差をそれほど考えずに精密な射撃ができます」（岡部さん）

### 重い弾を飛ばすパワーを重視するか 軽い弾を確実に命中させるか

標的との距離が常に一定であるスポーツシューティングと違い、実際の狩猟では獲物との距離が常に変化する。そのため、距離による着弾点の誤差を少なくできるハイ

## パワーの違いによる弾道と弾着点の違い

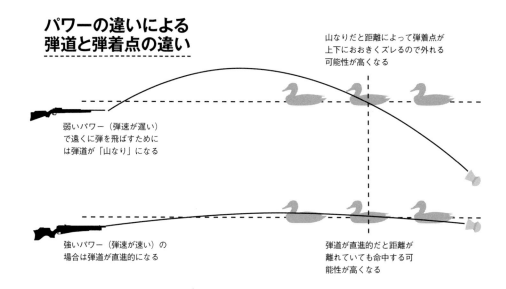

山なりだと距離によって弾着点が上下におおきくズレるので外れる可能性が高くなる

弱いパワー（弾速が遅い）で遠くに弾を飛ばすためには弾道が「山なり」になる

強いパワー（弾速が速い）の場合は弾道が直進的になる

弾道が直進的だと距離が離れていても命中する可能性が高くなる

パワーの空気銃には、遠距離狙撃がしやすくなるという大きなメリットがある。

近年、各メーカーから〝ハイパワー〟を売りにした空気銃が多数登場している状況を踏まえ、「パワーが強すぎる空気銃は逆に精度を損ねる危険性もある」と警鐘を鳴らすのが佐藤さんだ。

「空気銃のペレットはせいぜい1グラム程度の重さしかないため、これを高速で飛ばしても弾道は安定しません。ピンポン玉を野球のボールのように振りかぶって投げても真っすぐ飛んでいかないように、物を高速で飛ばすためにはある程度の重さが必要になります。重い弾を使うと当然スピードは落ちるので、結果的に遠距離での着弾点は上下に大きくズレることになります」

この話は空気銃に限らず、ライフル弾頭においても同様だ。たとえば軽いライフル弾頭を大量の火薬で加速して飛ばしても、空気抵抗に負けて精度は大きく狂ってしま

う。これを防ぐためには、弾頭の重さと火薬量のバランスが重要になってくるのだが、空気銃も「パワー大きければ大きいほど精度が出る」というのは誤った考え方だ。

では、100m先のカモやキジを捕獲するためには、空気銃にどのくらいのパワーが必要なのだろうか？

「重い弾ほど獲物に与える衝撃（ダメージ）が大きくなるので、重い弾を飛ばすためには40ft·lb はあったほうがいい」という岡部さんに対して、「軽い弾でも獲物のバイタル（心臓や脳など）に命中させれば絶命させることができるので、パワーは20ft·lbもあれば十分」と佐藤さんはいう。

これは「当たらなければ意味がない」（佐藤さん）と考えるのか、それとも「当たっても落とせなければ意味がない」（岡部さん）と考えるのかの違いであり、どちらにも一理ある。そこをどう判断するのかで、求めるパワーを決めていくしかない。

# プレチャージ式の空気充塡手段
# ハンドポンプとエアタンク
# どう違う？　どう選ぶ？

ANSWER

## 予算が許すならエアタンク
## ハンドポンプは予想以上に体力が必要

　パワーと連射性能を両立しているプレチャージ式空気銃は、空気を圧縮して注入する作業が必要になる。特に「ハイパワー」と呼ばれるタイプは200～250気圧もの圧力を込めなければならないので、その作業は決して簡単ではない。

　プレチャージ式空気銃に空気を充塡する方法には、ハンドポンプとエアタンクの2種類がある。ハンドポンプとはピストンを使って空気を送り込む道具で、1台2～4万円程度と初期費用が比較的に安く、動力が人力なのでランニングコストもほとんどかからない。形状は自転車の空気入れによく似ているが、自転車のタイヤの空気圧が3気圧程度なのに対して、空気銃には200気圧以上を注入する必要があるため、見た目と仕組みは同じでも材質の耐久性などがまるで異なる。ちなみに、自転車のタイヤに電動で空気を入れるハンディコンプレッサーも10気圧程度までしか昇圧できないため、空気銃に使うことはできない。

　一方、エアタンクはスキューバダイビングに使用されるものとほぼ同じで、プレチャージ式空気銃のシリンダーにノズルを差し込んで空気の供給を行う。1本10万円以上と初期投資が必要で、エアタンクの空気がなくなったらダイビングショップなどで空気を再充塡する必要がある。タンクの素材が鋼製なら5年ごと、FRP（繊維強化プラスチック製）なら3年ごとに検査に出さないと空気を再充塡できなくなるため、ここにもコストがかかる。

　しかし、エアタンクの最大のメリットは空気充塡の手間がかからないことと、充塡速度の速さだ。ハンドポンプは1回の充塡に15分近くかかるのに対して、エアタンクはバルブを開けて数秒で完了する。

### ハンドポンプは初期費用が安いが
### 故障の危険もある

　空気の充塡にはハンドポンプとエアタンク、どちらを使えばいいのかという質問に対して、空気銃に詳しい回答者からは「予算あるならエアタンク」という答えが返っ

バルブを開けば一瞬でエア
を充填できるエアタンク

想像以上に力が必要なハンドポンプ

てきた。「ハンドポンプでの空気充填は想像以上に大変な作業。気圧が低いうちはまだいいのですが、150気圧を超えてくるころから負荷が急激に増してきます」と話すのは佐藤さんだ。真冬でも薄っすらと汗をかいてしまうほどの運動量で、運動不足の人なら次の日に腕がパンパンになるという。「確かにエアタンクはコストがかかりますが、手間を考えればそれだけの価値はあると思います」と佐藤さん。

そこで、なんとかしてエアタンクにかかる費用を軽減できないかと考えるのが人情というものだが、現実問題として難しいと岡部さんはいう。「タンクと空気銃をつなぐのに、さまざまな変換アダプタが必要になるのですが、空気銃側のコネクタとアダプタはヨーロッパで普及しているDIN型なのに対して、バルブ側のコネクタは日本で普及しているK型になります。このよう

なアダプタは一般的には日本で手に入らないので、どうしても専門店で購入するしかありません。個人輸入や代替品を探すのは難しいと思います」

なお、初期コストが安いハンドポンプだが、ピストンが故障しやすいという弱点もあるという。ハンドポンプで200気圧という高圧を注入する際、ピストン内部が高温になってしまうため、どうしてもピストンに使われているOリングなどの樹脂部品が摩耗しやすくなる。結果的に運が悪いと、数回の使用で故障してしまうこともある。

また、エアタンクには乾燥空気（ドライエア）が封入されているのに対して、ハンドポンプは外気を吸入するという仕様上、内部に結露が発生してしまう。空気銃のエアシリンダー内に結露ができると錆の原因になり、空気銃の寿命を縮めてしまう危険性があることも考慮してこう。

# 09

## 銃を安く購入したいが
## 中古銃や個人輸入は不安
## 初心者が注意するポイントは？

ANSWER

## 中古銃は安くなる時期を狙う
## 個人輸入は修理の面で推奨できない

銃砲店などに並ぶ猟銃や空気銃の値段を見て、高いと感じるか安いと感じるかは人それぞれだが、新銃や付加価値が付いたモデルが20万円以上するのは普通のことで、複雑な構造のプレチャージ式空気銃だと30万、40万以上と高額になるものもある。

しかし、なかには2〜5万円程度で買える中古の散弾銃などを見て、「これは安い！」と感じる人もいるだろう。そして、なんとかして新しい銃を安く手に入れられないかと考える人の多くは、まずインターネットで相場を調べるはずだ。そして〝銃の海外の相場〟が日本の相場の3分の1、2分の1ということを知ると、「なんとかしてこの銃を個人輸入できないか？」と考えるようになるというわけだ。

「銃の個人輸入は、もちろん不可能ではありません。しかし、衣料品や日用品などとは違い、銃の個人輸入には〝それなりの手間〟がかかるということをよく理解しておかなければなりません」と指摘するのは、岡部さんだ。岡部さんは銃の個人輸入には、

次のような難しさがあるという。

「第一に、その銃が銃刀法上で『猟銃・空気銃』と認められなければなりません。海外では認められていても、日本で猟銃・空気銃として認められるには一定の基準（右ページの表参照）をクリアしていなければなりません。特に弾倉に関しては海外では7装以上の銃も流通しているので、それらを日本に輸入する場合は2装（ライフル・エアライフルの場合は5装）への改造が必要になります」

この改造は〝輸入前〟に行わなければならないため、銃メーカーに対応を求めたり、現地の代理店に改造ができないか問い合わせたりと、かなりの労力が必要になる。

「そして銃を輸入する場合は、経済産業省から『武器類の輸入承認』を受けなければなりません。これができていないと、たとえ銃が日本に届いても税関で止められてしまいます」とのこと。銃の値段の安さが、果たしてこれだけの労力に見合うのかどうか、しっかり考える必要がありそうだ。

## 猟銃・空気銃の基準

|  | 散弾銃 | ライフル銃や空気銃 |
|---|---|---|
| 銃の全長 | 93.9cm を超える、空気銃の場合は 79.9cm を超える | |
| 銃身長 | 48.8cm を超える | |
| 口径 | 12番以内<br>ただし、トドやクマなどの<br>大型獣を捕獲する用途に限り<br>8番まで許可される | 10.5mm（0.41 in）以内<br>ただし狩猟目的で所持する場合は、<br>最短 6.0mm（2.36 in）を超えること<br>空気銃の場合は 8mm以下 |
| 外観 | 変装銃や、機関部、銃身部に著しい欠陥がないこと | |
| 発射機構 | 連続自動撃発式の禁止 | |
| 充填数 | 弾倉に2発まで<br>薬室を入れ3発まで | 弾倉に5発まで<br>薬室を入れて6発まで |
| その他 | 構造の一部に消音装置がついていないこと | |

## 日本国内で販売される銃には修理用の部品代が上乗せされる

それではなぜ日本の銃はアメリカなどに比べて2〜3倍の値段がするのか？

「理由のひとつに輸送コストが大きいという点があります。たとえばアメリカのように銃に関して巨大な需要がある国では、コンテナを丸ごとひとつ貸し切って輸入することも珍しくはありません。しかし、日本では銃の需要がそもそも少ないので、1回につき数十挺、多くても数百挺程度しか入荷しません。入荷量が少なくなると1挺あたりの輸送コストが高くなります。また、銃の価格には補修や交換に必要な部品のコストも乗っています。これらの部品は修理の注文があるたびに海外から取り寄せるわけにもいかないので、たとえデッドストックになる可能性が高くても、銃砲店側は銃の販売価格に上乗せして確保しておくしかないのです」（佐藤さん）

事実、さまざまなハードルをクリアして銃を個人輸入しても、部品がなくて修理不能になってしまうトラブルは多い。修理ができない銃は猟銃・空気銃として所持が認められないので、廃棄処分するしかない。

また、中古市場で銃を安く手に入れる方法もあると、佐藤さんはいう。

「中古銃を探すのであれば、各都道府県が銃の一斉検査（5月か6月）を行う前の3月〜5月が狙い目です。引退を考えている高齢ハンターが検査前に銃を手放すため、質のよい中古銃が市場に多く出回ります。また、夏のボーナスの時期も狙い目です。公安委員会は民間人に銃を大量に持たせることを嫌うため、新しい銃を所持しようと思っている人には『既存の銃を整理されては？』と忠告します。ボーナスで新しい銃に買い換えようとする人が、古い銃を下取りに出すことが多いのです」

# 10

## 銃身のメンテナンスと
## 掃除の方法を知りたい

*ANSWER*

### 銃身に油を染み込ませたウエスを通し
### ライフル銃はワイヤブラシでこする

銃のメンテナンスは、狩猟の安全にもつながる大切な作業だ。釣り具やゴルフクラブなら、たとえ錆びたり汚れていたりしても人の命に直結するようなトラブルは起きないが、銃は整備不良によって意図せずに弾が発射される〝暴発〟を引き起こす危険性があり、最悪の場合人身事故につながることもある。人命にかかわるトラブルでなくても、次弾が装填されない回転不良（ジャム）や、銃身・機関部の破損といった問題を引き起こす可能性がある。

銃は「銃身」「機関部」「外装」の3つのパーツによって、それぞれメンテナンスの方法が異なる。まずは散弾銃の銃身の整備について内藤さんに聞いた。

「散弾銃の銃身は平滑銃身（スムースボア）と呼ばれており、ライフル銃のようにらせん状の溝（ライフリング）は存在しません。そのため、ライフル銃で行う『鉛除去』は必要なく、銃身内部の掃除をするだけで十分です。一般的なウエス（タオルや布の切れ端など）と1.5m程度の棒、ガンオイル

などの機械油、パーツクリーナーなどの有機溶剤を用意したら、まず、銃を分解して銃身だけの状態にします。次にウエスに機械油を染み込ませ、これを薬室側から銃身内に詰めます。あとはこのウエスを棒で押し出し、内部の汚れを拭い去ります。この作業を2〜3回繰り返してください。最後に新しいウエスを使って同じように拭き取ります」

銃身内を通したウエスには真っ黒い汚れが付着するが、これは鉛ではないと内藤さんはいう。「ごく微量の鉛成分も含まれているとは思いますが、ライフリングに残るような鉛の塊ではありません。散弾銃の装弾はワッズカップと呼ばれる入れものに入っているため、鉛の弾が銃身内部に直接触れることはありません。黒い汚れは、火薬が燃焼したときに発生する煤や燃え残りの火薬が付着したものです。ただし、散弾やサボット弾はワッズに包まれているので鉛は付きませんが、スラッグ弾はワッズカップに入っていないため銃身内部に鉛が

銃身は万が一、停弾が起こっても真っ先に破損するよう、あえて裂けやすくつくられている

取り残されます。特に薬室側に濃く付くのでしっかり除去してください」

また、狩猟に使った銃の銃身内には、土や細い枯れ枝などが入り込むことも多い。このような異物が銃身内に残っている状態で発砲すると、ゴミに衝撃波が反射して最悪の場合銃身が破裂してしまう。銃猟の狩猟免許実技試験では、再三「銃身内部の確認」が要求されるが、これは銃身の破裂を防止するためにも重要な行為なので、狩猟中も忘れることなく銃身内部の点検を行うように心がけよう。

## ライフリングの鉛の除去が射撃の精密性を損なうことも

次に、ライフリングを持つ銃の銃身のメンテナンスについて内藤さんに聞いた。

「ライフリングを持つ銃では、弾頭が銃身内壁に密着しながら進んでいきます。弾頭に使われている鉛は比較的柔らかい金属なので、削り取られた鉛のカスがライフリングの溝に付着します。これをしっかりと取り除いてください」

掃除に使うのは散弾銃で用意したものに加え、ライフリングの鉛を削るための溶剤と専用のワイヤーブラシ（洗い矢）が必要になる。まず銃身に溶剤を流して40分ほどなじませたら、ワイヤーブラシを銃身に入れて数回こする。あとは平滑銃身と同じようにウエスで吹き上げればいいという。

このワイヤーブラシは「ガンクリーナーツール」という名前で市販されており、普通のワイヤーブラシとは異なり、押し込んでいくだけでライフリングに沿ってブラシが回転するように工夫されている。また、鉛の溶剤は「ボアスクラバー」という名称で販売されている。

「銅弾であれば銅の溶剤は非常に効果が高いですが、私は鉛にはあまり効果がないように感じます。溶剤を使わなくても、ドリルの先に洗い矢を付けて回転させるだけでもきれいに取り除くことができます」（佐藤さん）という意見もあった。

こうしたメンテナンスの作業は、できれば射撃や狩猟後に毎回行うのが望ましい。鉛がライフリングにこびり付いた状態で発砲すると、故障はしなくても1発ごとに条件が変わって集弾率が悪くなる。特に銅弾では残された銅が緑青となって精密性を損ねる可能性も高まるので注意しよう。

# 11

# 機関部や銃床などは
# どのようにメンテナンスする?
# メンテナンスの頻度は?

ANSWER

## 機関部には軽く油を差して拭き取る
## 不具合を感じたら銃砲店に検査を依頼

　猟銃の機関部には、引き金、シアー、撃鉄（ハンマー）などのトリガーユニット、装弾を固定する遊底（ボルト）、雷管を叩く撃針（ファイアスプリング）、爪で薬莢を引っ張るシェルラッチ、空薬莢を排莢するエクストラクターなど、様々な部品が組み込まれている。これらをひとつずつバラして清掃するのは現実的ではないので、機関部はどうメンテナンスすればいいのか。

　上下二連式と水平二連式の散弾銃について内藤さんは、「基本的に何もしなくてかまいません。〝元折式〟とも呼ばれる上下二連式と水平二連式の銃は、弾を装填するときに銃身だけが開くようになっています。構造上、機関部の開放部分はほとんどなく、異物が入ることも滅多にありません。内部から異音がするなど、どうしても様子がおかしい場合は、銃砲店にメンテナンスを依頼してください」と話す。

　内藤さんの意見では、元折式の銃については機関部を開けてメンテナンスをする必要はないが、薬莢の底が当たる包底面と、

銃身の開け閉めをするときに動くヒンジ部分は、毎回必ず異物を確認したほうがいいという。「元折式の銃の包底面は、薬室を完全に密閉するためにとても大切な部分です。水分や砂などが付着したままにしておくと、錆や傷が生じて本来の密閉性を維持できなくなります。銃身の開け閉めによって動くヒンジ部分も、錆や傷で動きが悪くなるので、軽くガンオイルを差して拭き上げてください」

### 銃の外装は素材に関係なく
### 乾いたウエスで水分を除去する

　開口部のある半自動式やポンプ式、ボルト式などはどうメンテナンスするのか？「まずトリガーユニットやボルトを外し、中に異物がないか確認してください。猟場で使用したあとは銃内部に泥や枯れ葉が混入していることがあり、こうした異物がトリガーユニットに入り込むと、引き金の不具合につながる危険性があります」と佐藤さんは言う。「ウエスに軽くガンオイルを

トリガーユニットに挟まった異物

トリガーユニットの取り外しと清掃

塗って、内部をきれいに拭き上げてください。機関部に吹くガンオイルは銃専用品が望ましいですが、防錆潤滑材のWD-40と呼ばれる商品や、車用のラスペネという市販の機械油でもかまいません」

ただし、どんなオイルを使う場合でも、〝吹きすぎ〟には注意が必要だ。機械油は揮発すると粘土のように固まってこびり付いてしまい、そのカスが機関部の動きを阻害することになるからだ。また、機関部にオイルを吹く前に、パーツクリーナーなどの溶剤で古い油を除去することも忘れてはいけない。「できれば猟期が始まる前と、猟期が終わったあとにパーツクリーナーで除去してください」(佐藤さん)

一方、銃外装のメンテナンスはどうすればいいのか。装薬銃の銃身や機関外殻(レシーバー)には、主にクロムモリブデン鋼と呼ばれる鉄合金が使われているが、なかにはステンレス製のものもあり、ネジ類や装飾部分にはアルミや真鍮、銀などの金属が使われている。銃床や先台は木製(ウッドストック)が多いが、表面加工にはオイ

ル仕上げ、ウレタン仕上げ、最近は合成樹脂(シンセティック)製のものもあり、これらの素材ごとに言及するのは難しいが、「基本的に普段は表面を乾いたウエスで拭いて水分を除去する程度でかまいません。鉄でできている部分の機械油による拭き上げも、猟期が終わって長期保管する前に行えばいい」と佐藤さんは言う。

「もし銃を使っていてどうしても気になるところがあれば、まずは銃砲店に〝検査〟を依頼してください。最初から〝オーバーホール〟を頼むよりも費用的には抑えられます」とのことだ。もし検査で何らかの不具合が見つかって、部品の交換や細かな調整などが必要と判断されたら、そのときに正式にオーバーホールを頼めばいい。

銃のメンテナンス不良は銃の故障につながるが、初心者には発生している現象が果たして〝不具合〟なのか〝仕様〟の範囲内なのかの判断がつかないこともある。もし気になる点があれば、勝手に判断せずにまずはプロに相談して確かめてもらったほうがいいだろう。

# 12

## 空気銃のメンテナンス
## 必要な道具とあると便利な道具
## 具体的な方法も知りたい

ANSWER

## クリーニングペレットで清掃する
## ブラシでの清掃は避けたほうがいい

火薬を利用して弾を飛ばす猟銃と、圧縮空気やガス圧を使って弾を飛ばす空気銃では、ことメンテナンスにおいても多くの違いがある。まず空気銃は火薬の燃焼を伴わないため、煤が機関部に付着しない。装薬銃では、機関部を開けてトリガーユニットやボルトを洗浄することもあるのだが、空気銃ではこのようなメンテナンスを行うことはない。

そもそも空気銃の機関部は、高圧での操作を可能にするために非常に精巧な構造になっているので、家庭にあるような一般的な工具では分解できないようになっている。同様に、空気銃の銃身やエアシリンダーといった部品も、それらを分離してメンテナンスするようなことも基本的には行わない。

では、銃身と機関部を分離することができない空気銃の銃身のメンテナンスは、どのように行えばよいのだろうか？

「空気銃の銃身の掃除には、『クリーニングペレット』を使います。これはフェルトなどの柔らかい素材でできたクリーニング

専用のペレットのことで、薬室に装填して空撃ちすることで銃身内の汚れを除去することができます」と教えてくれたのは、岡部さんだ。

クリーニングペレットは通常のペレットと同じように、4.5㎜、5.0㎜、5.5㎜という口径に応じて合ったものを使用する。実際には、表記された口径よりもクリーニングペレットの直径はやや大きくできているのだが、これはクリーニングペレットが銃身を通って押し出されていくときに、ライフリングに密着して汚れを吸着させるためだ。実際に射出されたクリーニングペレットをよく見てみると、フェルトの表面に黒い汚れの線が残されている。これがライフリングにこびり付いた汚れだ。

### 薬室内が空だと確認するためにも
### クリーニングペレットを使おう

空気銃に詳しい佐藤さんは、クリーニングペレットについて次のように付け加える。「近年主流となっているペレットは、表面

ライフリングの汚れ
が付着したクリーニ
ングペレット

に特殊なコーティングが施されています。このコーティングによって、ライフリング部分に鉛成分が付くことはほとんどありません。かすかにペレット表面のコーティング剤のカスがライフリングに付着しますが、それが射撃の精度に影響を与えることはほとんどありません」

鉛除去が必要ないのであれば、わざわざクリーニングペレットを使う必然性もないと思われるのだが、佐藤さんは「クリーニングペレットには、薬室内にペレットが残っていないことをチェックするという役割もあります」と言う。空気銃は構造上、猟銃のように弾を排莢（イジェクション）する機能を持っていない。特に回転弾倉を利用するタイプの空気銃では、ボルトを引いていても薬室内にペレットが残っている可能性がある。そこで薬室内が確実に〝空〟になっていることを確認するためにも、狩猟や標的射撃の締めくくりとしてクリーニングペレットを1発撃っておいたほうがいいというのが、佐藤さんの意見だ。

ちなみに、空気銃では薬室にペレットが残された状態からさらに装填操作を行うと、薬室へ二重にペレットが装填される。この状態で発射するとペレットが銃身内に詰まってしまい、銃身内部のペレットを除去

する修理が必要になるだけでなく、最悪の場合は銃身破損による交換が必要になる。最新式の空気銃には二重装填を防止する機構が付いているものもあるが、誤射防止の意味も含めて、クリーニングペレットによる薬室内チェックは行うべきだ。

空気銃は基本的に銃身を外すことはできないため、薬室側からブラシを入れて内部を掃除することはできない。しかし、銃身を付けたままボルトをオープンにした状態であれば、銃口にブラシを差し込むことで内部を掃除することはできそうだが、佐藤さんは「あまりおすすめできない」と言う。「最近の空気銃にはシュラウドと呼ばれるプラスチック製の覆いが銃身に付けられているため、ブラシのような固いものでこすると傷をつけてしまう危険性があります。わざわざブラシを差し込んで清掃するのはデメリットのほうが大きいでしょう」

銃身以外のメンテナンスは、基本的に猟銃と同じように軽く表面の汚れや水分を除去する程度でいいが、一点だけ注意が必要なのは、有機溶剤系の洗浄液（パーツクリーナーなど）を使用しないこと。空気銃には「Oリング」と呼ばれるゴム製品が各所に使われており、有機溶剤がこれらのパーツを腐食する危険性があるからだ。

# 13

## 引き金の重さや遊びは
## どのようにチェックして
## どう調整する？

ANSWER

### 引き金の調整には銃の知識が不可欠
### 銃砲店に依頼するのが無難

銃のトリガーユニットは基本的に、引き鉄（トリガー）、逆鉤（シアー）、撃鉄（ハンマー）の3つの部品で構成されている。弾が装填されて発射準備状態になった銃は、ハンマーがバネ（ハンマースプリング）に引かれた状態でシアーに引っかかっている。引き金が引かれるとシアーが持ち上がり、撃鉄との噛み合いが外れてハンマーがバネの力で勢いよく前方に飛び出し、撃針を激しく打つ。撃針の先には装弾の雷管があり、雷管を激しく叩くことで火花が飛び散り、火薬の燃焼が始まる。これが銃の発射機構の大まかな流れになる。

ここで初心者が覚えておかなければならないのが、撃針を叩く撃鉄が「シアーと噛み合っている」ということだ。つまり、銃に何らかの衝撃が加わってシアーと撃鉄の噛み合いがズレると、「引き金を引いていない」のに弾が発射される危険性がある。銃には安全装置（セーフティロック）という機構があり、セーフティをかけると引き金が引けなくなる。しかし、撃鉄はシアーとの噛み合いが外れると落ちてしまうため、必ずしも「セーフティ＝弾の発射を防止する仕組み」とはならない。たとえセーフティロックをかけていても、銃内に弾を装填したまま銃を持ち運ぶのは絶対にやめよう。

### 引き金の重さの調整は
### メーカーが調整したものがベスト

引き金が引かれて撃鉄が落ちるまでの力を「引き金の重さ（トリガープル）」と言うが、これは撃鉄とシアーが噛み合う摩擦力からくるもので、噛み合っている部分の面積が小さいほど引き金は軽くなる。引き金は軽ければ軽いほど指にかける力が小さくて済むため、標的に対して瞬時に発砲することができるのだが、あまり軽すぎると少しの衝撃で噛み合いが外れて暴発する危険性もある。場合によっては薬室を閉めたときの反動で撃鉄が落ちることもあるので、引き金にはある程度の重さが必要になる。一般的に狩猟用の銃が2.0kg程度、誤射危険性が低い射撃用が1.5kg程度と、軽めに

調整されている。

　新銃の場合、引き金の重さはメーカーが調整した重さで使用するのが一番いい。しかし、中古銃の場合は経年劣化でシアーがすり減っていたり、前のオーナーが不適切に調整したことで重さが変わっている場合もある。しかし、初心者には引き金の重さが軽いか重いという感覚はわかりにくいというのが実情だ。では、引き金の重さはどのように測ればいいのかというと、「バネ秤を引き金にかけて計測します。やり方は、銃をバネ秤に吊るした状態で真下に引っ張っていき、引金が落ちた時点の重さで判断します」と内藤さんが教えてくれた。

　引き金の重さの計測用に「トリガープルスケール」と呼ばれる専用の計測器が市販されているが、安いものでも1万円は超える。頻繁に計測することがなければ、銃砲店に依頼したほうがいいだろう。

　計測の結果、引き金に極端な軽重があった場合や、長年使ってみて「軽くしたい、重くしたい」と思う場合は、「シアーの噛み合い具合を調整したり削ったりすることで重さを変えればいい」と佐藤さんは言う。「最近はトリガーユニットのネジを回して重さを調整できる銃もありますが、引き金の重さの調整は自分でやらずに必ず銃砲店に依頼してください。重さを一度軽くして再び重くすると、引き金の〝引き味〟が微妙に変わってしまいますから」（佐藤さん）

　引き金には〝遊び（テイクアップ）〟という要素がある。これは引き金を引いたときに指で重さを感じるまでの距離のことで、遊びは暴発を防ぐ意味でも大事な要素になっている。まれに引き金の重さを「ガタ

がきている」と嫌がる人もいるが、引き金の遊びの調整も「基本的にはおすすめできない」と佐藤さん。「異物が混入するなどで遊びが少なくなることもあるので、もし遊びがこれまでと違うと感じたら、銃砲店にトリガーユニットのメンテナンスを依頼してください」とのことだ。

## 引き金のしくみ

**1**
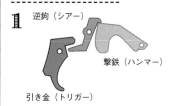
逆鉤（シアー）
撃鉄（ハンマー）
引き金（トリガー）

**2**
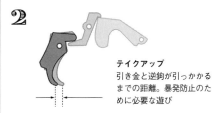
**テイクアップ**
引き金と逆鉤が引っかかるまでの距離。暴発防止のために必要な遊び

**3**
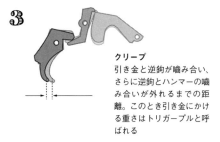
**クリープ**
引き金と逆鉤が噛み合い、さらに逆鉤とハンマーの噛み合いが外れるまでの距離。このとき引き金にかける重さはトリガープルと呼ばれる

**4**

**オーバートラベル**
撃鉄が開放されてから引き金が絞られるまでの距離

# プルレングスやグリップ長など
# 銃を体に合わせるための要素は?
# 体に合わないときの調整方法は?

ANSWER
## 完全に合わせるにはオーダーメイド
## 銃砲店で合わせてもらうのがおすすめ

引き金の重さに加え、銃の選定では銃床（ストック）の〝相性〟でも射撃のスタイルは大きく変わってくる。銃床とは、銃を安定して構えるためのパーツで、銃の種類によって様々な種類が存在する。拳銃のように銃床を取り付けないタイプの銃も存在するが、日本で猟銃や空気銃として許可される銃は、全長に必要長（装薬銃は93.9cm以上、空気銃は79.9cm以上）が定められているため、狩猟に使われる銃には必ず銃床が取り付けられる。

銃床は大きく3つの部位から構成される。銃床を握って引き金に指をかける「握り（グリップ）」、銃を構えたときに銃床を肩に当てる「肩付け（バット）」、銃床に頬を付けて照準を安定させる「頬付け（ベンド）」だ。

銃床の形状は銃の用途によって設計が違い、たとえば鳥撃ち用の銃では飛んできた獲物に対して素早く銃を構えるために、ストレートグリップと呼ばれる形状の銃床が用いられる。対して狙撃を目的とした銃の銃床は、バットを肩に密着させやすいよう

にハーフピストルやフルピストルと呼ばれるグリップ形状をしており、スコープを覗きやすいようにコームが盛り上がった形状のものが多い。最近は持ち運びしやすいように、折り畳み式銃床（フォールディングストック）や、伸縮性銃床（エクステンドストック）などもある。

銃の用途に関係なく、腕が長かったり、手が小さかったり、目の位置が低かったりといった、その銃を扱う人の身体的特徴によっても、銃床の最適な形状は変わってくる。これを自分の体に完全にマッチさせるには、銃メーカーに依頼してカスタムメイドの銃床をつくってもらうしかない。しかし、それだと予算がかかりすぎてしまうので、自分の体形に合った既製品を選ぶか、銃砲店に依頼してバットの長さやグリップの形状を加工してもらうことになる。

銃床の選定でまず着目したいのが、「銃床長（プルレングス）」だ。プルレングスはバットの下部（トゥ）から引き金までの長さのことで、長すぎると銃を構えたとき

に腕が突っ張った状態になり、逆に短すぎるとグリップを握る手と顔面の位置が近づきすぎて、銃の反動で鼻を叩いてしまう。

「銃を肘関節に乗せた状態で腕を曲げ、グリップを握った人差し指の第一関節が、引き金に触れるぐらいが目安と言われています。もしこのときグリップが握れないとか、指が引き金に届かないといった場合は、バットを削る加工をおすすめします。逆に指の第二関節付近まで引き金に届くのであれば、バットにスペーサーやブーツなどを履かせて延長することができます」と、内藤さんはその人にとって最適な銃床長について説明する。

## 銃床長のフィット感は
## 冬服をきて銃を構えて判断する

「近年、発売されているアメリカ製の猟銃は、軍用（タクティカル）をイメージして防弾チョッキの上から構えられるように、銃床長をあえて短くしていることが多い」と話すのは佐藤さんだ。「銃床長のフィット感を調べるときは、必ず冬の服装の上から狩猟用のベストを着て銃を構えてください。バットの当たり具合などは、着用する服によって感じ方が大きく違ってくるので、注意が必要です」という。

グリップの形状は、引き金を安定して引くために銃床の中でも特に重要な要素だが、銃床の強度にも影響するため、グリップを削り取る加工はあまり行われない。しかし、「スキート競技では素早く銃を構える必要があるので、グリップをパテで埋めて垂直に近い形にする人もいます」と内藤さんは説明する。

ベンドについては「特にトラップ銃と呼ばれる散弾銃は、遠ざかっていく標的を狙いやすくするためにベンドが高くなっているので、構えるとゼロインの要領で照星を見下ろす形になります。この見え方を不具合と勘違いしてベンドを削ってしまう人がいるので注意が必要です」と佐藤さんは注意を促す。銃をインターネットで買う人も増えたが、できるだけ銃砲店で実際の銃を持たせてもらい、そのフィット感を確かめるに越したことはない。

## 銃床の構造
--------------

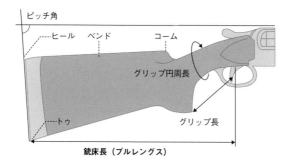

銃床長（プルレングス）

# 15

## 照準器にはどんな種類がある？
## 照準器の役割や
## 選ぶときの注意点を教えて

ANSWER

照準を付けやすくする効果と
ゼロイン距離を設定する役割を持つ

　照準器（サイト）とは、銃などの武器に取り付けて正確に狙いを定めるための部品である。猟銃や空気銃に装着する照準器はアイアンサイト、レーザーサイト、オプティカルサイトの３種類に分かれる。

　アイアンサイトは、照星（フロントサイト）と照門（リアサイト）という２つの部品がセットになった照準器のこと。最も原始的なアイアンサイトは「オープンサイト」と呼ばれ、凹型をした照門を目に近い側に設置し、凸型をした照星を銃口の先に取り付ける。狙いを定めるときは、照門の穴に照星の棒がピッタリと合うように銃を構えることで、視線と銃身の向き（弾が発射される方向）を合わせることができる。アイアンサイトはその名のとおり「鉄（アイアン）」でできており、銃上部にしっかりと固定して使うので、発射時の反動でも取り付け位置がズレる心配がない。信頼性が高い照準器として多くの銃で使われている。

　レーザーサイトは強力なレーザーポインターを銃身と平行になるように取り付け、標的に対して照射するタイプの照準器だ。視線を合わせなくても銃身が向いている方向がわかるのが長所だが、晴天だと照射されたレーザー光が視認しづらいのが欠点。そのため、レーザーサイトは単体ではなくアイアンサイトと併用されることが多い。なお、日本国内では１mW以上のレーザー発射装置は販売が規制されているが、所持自体は問題ないため、猟銃や空気銃の照準器として取り付けている狩猟者もまれにいる。高出力のレーザー光が目に当たると失明することもあるため、安全な取り扱いが必要だ。

　オプティカルサイトは、レンズなどの光学（オプティカル）部品を利用した照準器だ。標的を拡大視できるスコープ（テレスコピックサイト）がよく知られているが、リフレックスサイトやホログラフィックサイトといった等倍率照準器も、オプティカルサイトに含まれる。アイアンサイトとは違い、オプティカルサイトには照星や照門は存在しない。代わりに、射手が覗き込むレンズ上に「レチクル」と呼ばれる十字状

の線や、光点、ホログラムなどを浮かび上がらせて、これを目印にして照準をつける。

アイアンサイトは構造上、視界の下半分が照準器で隠れてしまうが、オプティカルサイトは目印が浮いているため、下方向にも広い視野を確保することができる。欠点としては照準器自体に重量があるので、銃全体が重くなってしまう。また、レンズなどを使っている都合上、アイアンサイトよりも反動や衝撃に弱く比較的壊れやすい。

## 銃猟における重要な考え方となるゼロイン調整を理解しておこう

照準器にはもうひとつ、「ゼロインをつくる」という役割がある。発射された弾丸は銃口から出た瞬間に毎秒9.8ｍという加速度で落下していくため、水平に発射すると弾は必ず照準の〝下〟に着弾する。したがって、遠くの標的に弾を当てるためには弾を〝斜め上〟に撃ち出さなければならないのだが、これだと標的の上空を見ることになるため、精密な射撃は難しくなる。

「そこで一般的な照準器には、照門の高さ

を上下させる機能が付いているわけです。照門の高さを上げて照星をまっすぐ覗き込むと、銃口は必然的に上を向くことになるので、この状態で弾を発射すると、遠方で視界の中心を弾が通過する距離が現れる。つまり、標的の姿をしっかりと視認した状態で、遠方の標的に弾を命中させることができるわけです」（井戸さん）

この弾が視界の中心を通る距離が「ゼロイン」で、あらかじめ100ｍ、50ｍという距離に照門の高さを設定しておくことを「ゼロイン調整」という。ゼロインの考え方は銃猟においてとても重要なので、必ず理解しておいてほしい。

レーザーサイトやオプティカルサイトに照門は存在しないが、ゼロインの考え方は同じだ。レーザーサイトは着弾点にレーザー光が当たるように、あらかじめレーザーポインターを傾けて取り付けてゼロイン調整できる。スコープには視界の高さを調整するダイヤルが付いており、着弾点とレチクルや光点の中心を合わせることでゼロイン調整が可能になる。

## ゼロイン調整とは

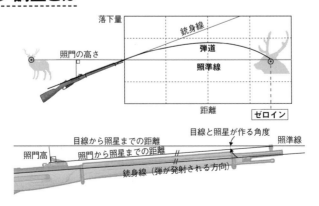

# 16

## スコープってどう選べばいい？
## 値段はピンキリだけど
## 性能にどんな違いがある？

ANSWER

## 値段が高いほど視界がクリアになる
## 初心者は3〜5万円台のものを

ライフル銃や空気銃は遠くの獲物を精密に狙撃する必要があるため、スコープの選定がとても重要な要素になる。「高いものを買っておけば間違いは少ない」という意見もあるようだが、そもそもスコープの価格による違いは何で決まるのか。

「価格差による最も大きな違いは、レンズの質です。これは同じ光学機器のカメラや望遠鏡のレンズなどと同じです。レンズにはコーティングや研磨処理が施されているため、この手間が多ければ多いほどレンズの価格は高くなります。ただ、スコープの価格は機能によって変わることはほとんどありません」と話すのは内藤さんだ。たとえば、標的を拡大する最高倍率が8倍と16倍のスコープがあれば、機能面では2倍の開きがあるが、だからといって価格差も2倍になるわけではない。

「高額なスコープは、レンズを覗いたときの視界の明るさが断然違います。まるで自分の眼球が〝そこ〟にあるように錯覚するほどクリアです。価格差による照準器とし

ての機能の違いはなくても、高級車と軽自動車のように道具を扱うときの〝喜び〟が違います」と佐藤さんは言う。

とはいえ、あくまでも実猟で使えればいいと割り切って激安のスコープを選んだ場合、果たして本当に使えるのかが気になるが、内藤さんは次のように答えてくれた。「ある程度の品質は考慮すべきだと思います。というのも、激安スコープの多くはモデルガン用につくられていることが多く、猟銃に装着すると射撃時の反動で壊れてしまうことも少なくないのです。特に内部のレチクル板がズレるトラブルが多いですね」

電気製品などと違い、スコープのレチクルがズレるといったトラブルは、スコープを覗いてもその故障が非常にわかりにくい。自分は正確に照準を定めているのに、なぜか弾が反れてしまう。「当たらなくなった原因は銃にあるのか、弾にあるのか、それとも自分におかしなクセがついたのか……」と堂堂巡りが続く。これが俗に言う「当たらない症候群」という現象だ。

# スコープのパララックス（視差）現象

ピントが合っていない状態でスコープをのぞき込むと……

| 右寄り | 近すぎる・遠すぎる | 左寄り |
|---|---|---|
|  |  | |
| 着弾が右にズレる | 着弾は変わらないが<br>視野が狭くなる | 着弾が左にズレる |

スコープの値段はレンズの質で違ってくる

「ネットショップで安いスコープを購入するときは、実猟を想定しているものを選ぶのが基本です。1万円以下のものはほとんどがホビーガン用なので、実猟ベースに設計されているものは5万円以上が相場と思ったほうがいいでしょう」（内藤さん）

ただし、プレチャージ式空気銃は射撃の反動がほとんどないため、1〜3万円程度のスコープでも実猟上は問題ないそうだ。

## 空気銃に高級スコープを装着すると射撃の精密性を損なうことも

冒頭で「高いものを買っておけば間違いは少ない」と書いたが、これには例外もあると佐藤さんは言う。「空気銃に高級スコープを載せると、逆に射撃の精密性を損なう危険性があります。高級スコープの多くはライフル銃で数百m先を狙う『パララックスフリー』という設計がされているので、数十m先を狙う空気銃には適さない場合もあります」

スコープにおけるパララックス（視差）とは、標的にピントが合っていない状態でスコープを覗くと、視線の位置によってレチクルの像と標的の像がズレてしまう現象

のこと。十字線と動物の絵を描いた2枚の透明な下敷きを用意して、この2枚の下敷きをピッタリと貼り合わせた状態（ピントが合っている状態）では、どの方向から見ても2枚の絵は重なって見える。しかし、2枚の下敷きを離した状態（ピントが合っていない状態）で見ると、覗き込む方向によって2枚の絵がズレて見える。これがスコープにおけるパララックス現象だ。

「一般的にスコープの照準では、フォーカスダイヤルを調整して獲物にピントを合わせてから獲物を狙いますが、獲物が急に飛び出してくることも多い装薬銃の狩猟では、ピントを合わせなくてもボケが少ない状態で見えるパララックスフリー型のスコープが有利です。パララックスによる着弾点の誤差は数cm程度なので、大物猟であれば着弾点が数cmずれても獲物に命中しますが、鳥を狙う空気銃猟では獲物が小さいため、狙いが数cmずれただけでも失中する可能性が高くなります」（佐藤さん）

佐藤さんの話では、高級スコープでもパララックスフリーではないタイプは多いそうなので、空気銃のスコープを選ぶ際には注意が必要だ。

# 17

## スコープのスペックは
## どうやって読む?
## FFやSFって何の略?

ANSWER
## 最低倍率×高倍率—対角レンズ径
## FFやSFはフォーカスノブの位置

スコープを選ぶときに初心者が悩むのが、スペックの読み方だ。スコープにはメーカー名とモデル名だけでなく、「4-16×44 SF FFP」といった数字やアルファベットが記されているので、これが何を表すのかを理解しておかなければならない。

最初に記された「4-16×44」という数値は、「最低倍率4倍～最高倍率16倍まで可変できる44㎜径の対物レンズを持った可変倍率式スコープ」ということになる。可変倍率とは、スコープに取り付けられたパワーセレクターというダイヤルを回すとズームできる機能のこと。最低倍率と最高倍率が何倍のものを選ぶかは、その人の猟法や獲物の種類によっても違ってくるので、詳しくは4章で解説する。

「対物レンズとはスコープの標的側のレンズのことで、一般的に対物レンズの径が大きければ大きいほど取り込む光の量が増えて視界もクリアになりますが、対物レンズ径が大きいとスコープ自体の重量が重くなり、価格も高くなる傾向にあります。対物

レンズ径をどう選ぶかは好みによりますが、一般的には40㎜、遠距離狙撃が必要なら視界がよりクリアになる50㎜がよく選ばれていますね」(佐藤さん)

数値の後のアルファベットは、「フォーカスノブの位置」と「レチクルの種類」を表す。フォーカスノブの位置を表すFFは「フロントフォーカス」で、SFは「サイドフォーカス」の略。FFは対物レンズの位置にダイヤルが付いており、銃を構えた状態だと手を伸ばしての操作となるため、側面にダイヤルが付くSFよりも操作しづらい。しかし、細かな機構部に組み込まれたSFよりもダイヤルを大きくつくれるので、細かなピント調整が可能になる。

「どちらを選ぶかは好みによりますが、空気銃はパララックスが命中精度に大きな影響を与えるので、狙いながらピント調整がしやすいSFを選ぶ人が多い」と佐藤さん。

なお、FFをAO(アジャスタブルオブジェクト)、SFをAS(アジャスタブルサイド)と表記するメーカーもあるので、混

42

# スコープのノブはいろいろある

ヴィンテージダイヤル
(左右調整※反対側)

エレベーションダイヤル
(上下調整)

ディオプターダイヤル
(射手の視力に応じて調整)

※図はサイドフォーカス。
フロントフォーカスは
対物レンズにフォーカスノブが付く

フォーカスノブ
(ピントの調整)

パワーセレクター
(倍率調整)

乱しないように注意してほしい。

レチクルの種類については、「レチクル板が設置されている位置」を意味するFFP（ファーストフォーカルプレーン）とSFP（セカンドフォーカルプレーン）のふたつがある。スコープは構造上、取り入れた光が2回焦点を結ぶのだが、1回目の焦点面にレチクル板を設置する設計をFFP、2回目に設置する設計をSFPという。

スコープの性能という点で両者に違いはないが、FFPではズームレンズよりも前方にレチクル板がくるため、倍率を変えると標的の姿と合わせてレチクルも拡大視される。対してSFPはズームレンズの後ろにレチクル板があるため、標的を拡大してもレチクルの大きさは変わらないという特徴がある。

## アルファベットの略称はメーカーによっていろいろある

ここで紹介したアルファベットの略称以外にも、たとえば、レチクル上に距離測定機能を持つMIL（ミルドットレチクル）やMOA（ミニッツオブアングルレチクル）、距離測定に加えて弾道の落下量補正機能もあるBDC（バレットドロップコンペンセーター）、レチクルが発光する機能があるIR（イルミネーター）などいろいろあるが、それらは基本的に「レチクルの形状」を意味していると理解すればいい。

これらの名称は特に何かのルールで統一されているわけではなく、各メーカーが勝手に名付けていることも多いので、すべてを覚えておく必要はない。

# 18

## アイアンサイトやドットサイトなど 等倍率の照準器を あえて選ぶ価値はある？

ANSWER

### 獲物との距離が近い猟場では スコープよりも効果的なことも

猟銃や空気銃に搭載するスコープには、重さやコスト面でのデメリットもあると書いたが、内藤さんはスコープのデメリットについて次のように付け加える。

「高倍率のスコープは視野が狭くなるというデメリットがあります。日本の里山は木が生い茂り高低差もある場所が多く、イノシシやシカと遭遇する距離はせいぜい数十m、場合によっては数m先を走ることもあります。こうした猟場では、高倍率のスコープを用いると照準をつけたときに獲物の姿を見失うこともあるので、等倍率の照準器のほうが適しています」

スコープは基本的に、止まっている標的しか狙うことができない。なぜなら、高倍率にするほど視野（フィールド・オブ・ビュー）が狭くなるため、飛んだり走ったりしている獲物はすぐに視野から外れてしまうからだ。また、パララックスのところで解説したように、スコープを覗いた射手は先の焦点面につくられた標的の像にレチクルの像を〝重ね合わせた〟像を見ている

ため、奥行き（標的との距離）を捉えることができない。奥行がわからないと、獲物が近づく方向に動いているのか、離れる方向に動いているのか判断ができず、獲物の動きを先読みして撃つことが難しくなる。

「銃には必ずスコープが必要と思い込んで、鳥を撃つための散弾銃にスコープを載せようとする初心者もいますが、これは相性の悪い組み合わせです。高倍率のスコープでは視界のブレが大きくなるという欠点もあり、据銃姿勢や体のブレを抑えるテクニックを身に着けていないと、うまく狙いを定めることができません」（内藤さん）

### 利き目で正しく照準をつける ビーズサイトは飛ぶ鳥にも有効

それでは、動いている標的に対して効果的な照準器にはどのようなものがあるのだろうか？　クレー射撃に詳しい岡部さんは次のように教えてくれた。

「最も視界を広く確保できる照準器がビーズサイトです。これは小さな金属の粒が銃

## 利き目の調べ方

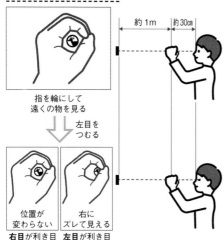

約1m　約30cm

指を輪にして
遠くの物を見る

⬇

左目を
つむる

位置が
変わらない
**右目が利き目**

右に
ズレて見える
**左目が利き目**

視界を広く確保できるビーズサイト

口に付いており、この金属粒を目印にして標的に狙いを定めます。大抵の場合、銃身中央にもうひとつ中間照星が付いているので、この中間照星と銃口の照星をピタリと合わせて照準をつければ、視線と銃身の向きを平行にして構えることができます」

ビーズサイトは飛ぶ鳥やクレーを狙う散弾銃に広く利用されるアイアンサイトだが、両目を開いた状態で獲物を視認できるため、標的との距離感とスピード感がつかみやすい。両目を開くとビーズサイトが二重に見えてしまうが、人間には利き手と同じ〝利き目〟があるため、利き目でビーズサイトを覗けば正しく照準が付けられるという。

利き手と利き目が逆の人や、どうしてもビーズサイトに慣れないという初心者は、照星を蛍光ファイバーサイトに交換する手もある。赤や緑の蛍光塗料が詰められた細いチューブ状の蛍光ファイバーサイトは、視界に光点となって現れるのだが、人間の目は生理的に「光っている点」に無意識的に視線が向くようになっているため、照準がつけやすくなるというわけだ。

もうひとつ、ハーフライフル銃やライフル銃で近・中距離の標的を狙うのにオススメの照準器として、岡部さんは「ドットサイト」と呼ばれる照準器を挙げてくれた。「ドットサイトは照準の中心に赤い光点が浮かび上がるので、利き目に関係なく照準がつけられます。視界がやや狭くなるので飛ぶ鳥やクレーには向きませんが、走るシカやイノシシを数十mの距離から狙う照準器としては有用です」

ドットサイトはハーフミラー（マジックミラー）に映し出された景色にLEDの光線を当て、照準の中心に光点をつくり出すオプティカルサイトの一種である。しばしばスコープと勘違いされるが、レンズを使って像をつくり出しているわけではないので、その原理はまったく異なる。

# 19

## スコープやアイアンサイトなど
## 照準器の取り付けを
## 自分でやる方法はある？

### 自分で取りつけることも可能だが
### 水平垂直を取るのが難しい

スコープを銃に搭載するためには、マウントベースとマウントリングという部品を取り付ける必要がある。マウントベースは銃の機関部の上に固定された土台のことで、レールのような見た目をしている。スコープを取り付けるのを前提に設計されたライフル銃や空気銃では、機関部とマウントベースが一体化していることも多い。ネジ止めする穴が開いているタイプは、別売りのマウントベースを装着する。マウントベースが装着できない散弾銃などは、機関部にネジ穴を開けなければならないので、銃砲店に改造を依頼する必要がある。散弾銃のモデルによっては、機関部を挟み込む形で固定するサドルマウント（ショットガンスコープマウント）というパーツがあるので、これを使うのもひとつの手だ。

マウントリングは、マウントベースの規格に合うものを用意しなければならない。マウントベースには様々な規格があり、メーカー独自規格のものも多い。最近、発売されているマウントベースの規格は、ア

メリカ陸軍のピカティニー規格が採用されている場合が多く、ピカティニー規格でつくられたマウントリングはどのメーカー品でも適合する。また、空気銃の場合は11mm幅のドブテールレールという規格が採用されている場合が多い。

マウントリングのリング直径は、搭載するスコープのチューブ径に合ったものを使わなければならず、主に30mmと1インチ（25.4mm）の2種類ある。そして、マウントリングには対物レンズが干渉しないだけの高さが必要になるが、対物レンズにはフードを装着する場合もあるので、対物レンズ径÷2に85%の安全率をかけた高さのものを準備しよう。

### スコープの取り付けは繊細な作業
### 専用の工具も必要になる

マウントベースを取り付けた銃とマウントリングの用意ができたら、あとはスコープを取り付けるだけ……と思うかもしれないが、この取り付け作業は初心者が思って

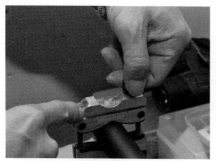

水準器で銃の水平・垂直を確認する

マウントリングとマウントベース

いるほど簡単ではない。

「照準器は銃身に対して水平・垂直に固定しなければなりませんが、この作業にはコツが必要です。一般的にマウントリングはネジで固定されますが、すべてのネジを同じトルクで締めていかないと、スコープが歪んで取り付けられることに。自信がなければスコープのことをよく知っている銃砲店で取り付けてもらったほうがいいでしょう」と佐藤さんが言うように、スコープの取り付けはかなり繊細な作業だ。

たとえば、スコープの中心が銃身の向きに対して1ミリラジアン（＝0.057度）前傾・後傾しただけでも、100m先では10cmの誤差となってしまう。もちろん、スコープは搭載後にレチクルの位置を微調整できるが、取り付け角度が大きくズレてしまうと補正できる範囲をオーバーしてしまう。また、レチクルはスコープ本体に対して水平・垂直に調整できるのだが、スコープ自体が左右に傾いていると、着弾点が斜めにズレてしまう。

「どうしても自分でスコープを取り付けたい場合は、まずは銃をしっかりと固定するバイス（万力）と、水平垂直を測る水準器

も用意してください。バイスで銃をしっかりと固定したら、まずは銃全体が傾いていないか水準器を使って調べます。水平・垂直の確認が取れて初めて、スコープを取り付ける作業に移れるのです」（佐藤さん）

銃を固定するバイスはベンチレスト（シューティングレスト）と呼ばれる専用の固定台が扱いやすい。水準器は銃専用のものもあるが、建設現場などで使われる小型の磁石式水平器でも代用可能だ。さらに、装薬銃の場合は、発射時の反動によりマウントリングで挟みこんだスコープが微妙にズレることがあるので、「これを防ぐために摩擦力の強い松脂をスコープとマウントリングの間に塗っておくといい」と佐藤さん。プレチャージ式空気銃の場合はあまり衝撃がないので必要ないが、スプリング式空気銃にも独特の反動があるので、松脂を塗っておくといいという。

マウントリングのネジは1本ずつ締め込むのではなく、4つのネジを少しずつ締め込んで、すべてのネジに均等なトルクがかかるようにする。ネジ穴の形はメーカーによって異なるので、事前に調べて適合する工具を用意しておこう。

# 20

## 銃の色やアクセサリーなど
## カスタマイズはどこまで可能？
## 無申請でできる改造はどこまで？

ANSWER

銃所持許可証の記載変更がなければ
ある程度自由にカスタマイズが可能

これまで紹介した照準器の選定や引き金、銃床の調整といった仕様変更以外にも、たとえば散弾銃の銃口に反動を抑制するマズルブレーキやカッツコンペンセイターを取り付けたり、カラーリングの変更や反射防止用にカモフラージュテープを巻いたりと、銃をカスタマイズする余地はまだまだある。銃の種類によっては先台にアクセサリーレールと呼ばれるマウントが取り付けられたタイプもあり、このレールにはバイポッド（二脚）やスリングスイベル、バーティカルグリップ、カメラ、レーザーサイトなどを装着することができる。

こうした銃のカスタマイズは、基本的に個人で自由に行うことができるが、銃所持許可証に記載されている内容を変更する場合は、武器等製造法の許可を受けた銃砲店で改造を行わなければならない。銃砲火薬店を営む岡部さんによると、銃の全長、銃身長を延長・短縮する場合は、銃所持許可証の記載事項を変更する手続きが必要となり、この手続きの際に銃砲店から発行され

る「改造証明書」が必要になるという。

「替え銃身を購入した場合も、全長が変わるので銃所持許可証の書き換えが必要になります」と岡部さん。ただし、銃の全長は銃床のパッドを除いたトゥの部分から、銃口までの長さになるので、スペーサーやブーツをはかせて銃床長が変わった場合では、書き換えの申請は必要ない。

このように、個人で行える〝カスタマイズ〟と武器等製造法の許可を受けた銃砲店に依頼する〝改造〟の基準は、非常にわかりにくいというのが実情だ。経済産業省に問い合わせると、「原状復帰することを前提とした修理や、簡単に取り外し可能なパーツを取り付ける行為は個人でも可能。既存の機能を新しい機能に取り換えたりするのは改造」という回答だった。

つまり、簡単に外せるネジ止め部品を個人で取り付けるのは「修理」で、出力を変えたりするチューニングは「改造」に該当するわけだ。なお、銃身にサイレンサーと呼ばれる発射音を低減するパーツや、弾倉

を拡張するパーツなどを取り付けるのは違法であり、これらを輸入することも禁止されている。

「銃の型が古くて撃針などの部品が見つからなければ、銃のパーツをつくることになりますが、武器等製造法の許可を受けていない板金工場や機械部品工場ではダメで、銃砲店に製作を依頼しなければなりません。わかりにくいと感じたら、一括して銃砲店に依頼するのが無難です」(岡部さん)

## かっこいいカスタマイズが
## 狩猟をもっと楽しくしてしれる

カラーリングなど見た目の変更には、メッキ加工やガンブルー塗装など様々な方法があるが、佐藤さんがすすめるのはセラコートというセラミックが含有された特殊な塗装だ。「スレやオイル浸食、海水腐食などにとても強く、古い銃でもピカピカの新銃のようになります。色も豊富なので、銃を文字どおり〝自分の色に染めたい〟という人にはおすすめです」

バイポッドやスリングスイベル、レーザーサイトなどのパーツは装飾だけでなく実用的な目的も大きいが、アクセサリー類は取り付ければ取り付けるほど重くなる。

「一般的な猟銃は先台が薄くつくられているので、これらの銃にアクセサリーレールを取り付けるのはおすすめできません。どうしても既存の銃にアクセサリー類を付けたいのであれば、銃身に噛ませるクランプ型のレールもあります」(佐藤さん)

最近は狩猟や射撃の動画を撮影する人も増えており、照準器にスコープカメラを取り付けたり、アダプタでスマートフォンを

取り付けたりと、カスタマイズの幅は広がっている。「銃をそんな風に扱うべきではない」という意見も根強く、特にミリタリーチックにカスタムする銃に対しては、眉を顰めるベテランハンターも少なくない。

「〝かっこいい〟というのは銃猟における大切な要素だと私は考えています。危険な改造や過度なカスタマイズはいただけませんが、狩猟に使う銃は所詮〝遊び道具〟ですから、自分が気に入ったものにカスタマイズすることで狩猟がより楽しくなるなら、何も問題はありません。うちの店に遊びにくるお客さんたちは、皆さんとても楽しそうです」と佐藤さんは話す。

同じ銃でも人によってこんなにカスタムが違う

カモフラージュテープを巻くことで反射を防げるというメリットもある

セラコートの色味表

CHAPTER

2

# 「装弾」の疑問

# 21

## 散弾銃で使う実包は
## どんな構造で
## どんな種類がある?

ANSWER

## 粒状の弾ペレットのほかに
## スラッグのような一発弾もある

散弾銃に使用される装弾は散弾実包（ショットシェル）と呼ばれ、発射物となる弾（ペレット）、弾を包むワッズ、燃焼して推力を生む火薬（ガンパウダー）、火薬を燃焼させるための雷管（プライマー）、そしてこれらをひとつにまとめた容器となる散弾薬莢（ケースまたはハル）の5つから構成される。

薬莢の大きさは銃の口径によって呼び名が決まっており、「12番」は直径18.1mm、「20番」は15.6mm、「410番」は10.4mmとなる。薬莢の長さは2½インチ（65mm）、2¾インチ（70mm）、3インチ（76mm）の3種類あり、日本では2¾インチが主流。薬莢を閉じる部分はクリンプと呼ばれ、プラスチック製薬莢では端を折り固めたスタークリンプや、端を丸め込んで固定したロールクリンプが用いられている。

ペレットには「スラッグ」と呼ばれる一粒弾、「6粒」と呼ばれる大粒のもの、そして1〜10号までの小粒のものが主に使用されている。ひとつのケースに入ってい
る量は、グラム数で表記される。12番口径なら30〜33ｇ、「マグナム」と呼ばれる3インチ薬莢は53ｇの粒弾が充填されている。ちなみに、クレー射撃のトラップ競技では、国際ルールとして24ｇの装弾が使用される。

同じ号数（弾のサイズ）でも装弾量が大きいほどペレットの粒数も多くなるため、命中率は高くなる。狩猟用はクレー射撃用よりも装弾量は多いのだが、だからといって「多ければ多いほどいいというわけではない」と言うのは、静岡市の銃砲店くまひさの近藤能久さんだ。

「ペレットの重さは番径によって最適な重さであるスクエアチャージが決まっていて、12番口径では35.44ｇ、20番口径では21.26ｇとされています。これを極端に超えた重さの装弾を発射すると反動が強くなり、銃身破壊などのリスクも高まります」

また、銃全体の重さと装弾重量にも最適な関係があり、トラップ射撃用の24ｇ装弾であれば銃の重さは2.3kg、28ｇの狩猟

用標準鉛散弾であれば2.7kg、53gの３インチマグナム装弾であれば5.4kgが最適とされている。「スクエアチャージや装弾量と銃重量の関係は、銃の開発史の中で得られた実験的な数値です。銃の形状や機構によって射手が感じる反動は大きく変わるため、使用する装弾に合ったカスタマイズが必要になってきます」と近藤さんは言う。

## チョークの絞り具合によって
## ペレットが拡散する時間が変わる

　ペレットが火薬の燃焼熱によって変形しないようにするワッズ（コロス）には、散弾のまとまりをよくするという役目もある。カップ形状のワッズは火薬が燃焼すると中の散弾ごと銃身を滑っていって射出されるが、銃口の「チョーク」と呼ばれる部分の〝絞り具合〟によって、ペレットがワッズから離れて拡散するまでの時間が変わってくる。つまり、チョークの絞りが強ければペレットは遠くまでワッズに包まれた状態で飛んでいくため、散弾のまとまりがよくなる。対して絞りが緩いとワッズのカップが早く開いて、散弾が近くで拡散する。「遠くのカモを撃つときは絞りの強いチョークを」「近くを飛ぶキジバトを撃つなら絞りの緩いチョークを」というふうに、チョークによる拡散スピードを調整することは、実猟でも重要な要素となる。
　散弾実包に使用される火薬は、ニトロセルロースを主原料にしたシングルベース火薬で、燃焼時に煙をほとんど発生させないことから「無煙火薬（スモークレスパウダー）」とも呼ばれる。雷管には火薬を燃焼させる薬剤が添加されており、衝撃が加

## 散弾実包の構造

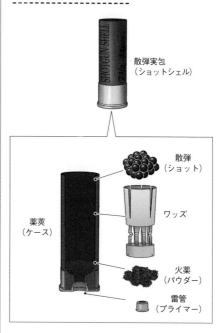

散弾実包
（ショットシェル）

散弾
（ショット）

ワッズ

薬莢
（ケース）

火薬
（パウダー）

雷管
（プライマー）

## 散弾実包のサイズ

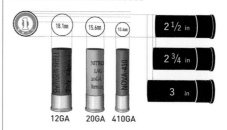

18.1mm　15.6mm　10.4mm

2 1/2 in

2 3/4 in

3 in

12GA　20GA　410GA

えられると高温の衝撃波を発生させる。雷管から発生した衝撃波は、薬莢のフラッシュホールから噴き出して火薬を一瞬で燃焼させて燃焼ガスに代わり、この圧力によってペレットが高速で射出できるわけだ。

# 22

## ライフル銃で使う実包は
## どんな構造で
## 薬莢や弾頭の種類は?

ANSWER

### 銃によって使える口径が決まっている
### 薬莢の種類で弾道特性が変化する

ライフル銃に使用される装弾はライフル実包（ライフルカートリッジ）と呼ばれ、弾頭（バレット）、火薬、雷管、ライフル薬莢で構成される。散弾銃とライフル銃の最大の違いは、弾頭をライフリングで回転させながら射出する点で、回転を受けた弾頭は直進的な軌道を保ちながら滑空する。

原理は回転するコマと同じで、回っているコマは軸が傾いたとしても軸自体を円運動（歳差運動）させながら、もとの姿勢を保とうとする。滑空するライフル弾頭はコマの動きを真横にしたようなもので、進行軸を歳差運動しながら空気中を進んでいく。

散弾薬莢と違いライフル薬莢はクリンプをつくる必要がないので、口（マウス）を弾頭で圧着して封止する。薬莢の材質は古くから真鍮（ブラス）が使われているが、現在も主流は真鍮だ。薬莢にはマウスのほか、先端の細くなっている部分にネック、火薬を入れる本体部にボディ、ネックとボディをつなぐところにショルダーと名前が付けられており、薬莢の種類によってその

サイズや形状が異なる。

形状の違いは火薬の燃焼速度や弾頭にかかる力などに影響を与えるため、ライフル薬莢には様々な種類が存在する。たとえば1903年にアメリカで開発された「30-03スプリングフィールド」と呼ばれる薬莢には、現代でも使用されるライフル薬莢である「30-06スプリングフィールド」という派製品があり、さらに30-06よりも小さな弾を発射できるように調整した「270ウィンチェスター」という兄弟モデルもある。

また、ライフル薬莢には「30-06スプリングフィールド」のネックを大きくすることで、重い弾頭を発射できるように調整した「338-06」など、世のガンスミスや銃愛好家によって生み出された様々な改造薬莢（ワイルドキャットカートリッジ）が存在する。しかし、基本的にライフル銃の銃身は薬莢の種類で決まっているため、選べる弾の自由度がない。「30-06スプリングフィールド」用の銃身には、「30-06スプリングフィールド」用の薬莢を使用しなけれ

ばならないのだ。

## ライフル弾頭の被膜を削ることで
## 命中時のダメージを高めている

　ライフル弾頭は鉛の素材にニッケルなどの金属皮膜で固めた状態になっており、皮膜が全体を覆っているタイプを「フルメタルジャケット」と呼ぶ。主に対人用に使用されるフルメタルジャケットは金属皮膜の影響で潰れにくくなっており、これにより貫通しやすいつくりになっている。

　「しかし、狩猟では獲物を確実に殺さなければならないため、弾頭が貫通すると貫通時に弾頭が持っていた運動エネルギー分だけ獲物に与えるダメージが小さくなってしまいます。そこで、狩猟用の弾頭では先端の被膜を削ることで、命中したときに柔らかい鉛が潰れやすい構造にしているのです」と近藤さんは言う。

　さらに狩猟用のライフル弾頭には、先端にくぼみがついたホローポイントと呼ばれるタイプもあり、剥き出しの鉛よりもさらに潰れやすいような工夫が施されている。
「弾頭の形状は滑空するスピードにも影響します。亜音速（マッハ0.3程度）以下であれば先端が丸く、超高速になるほど先端は尖っていきます。空気銃のペレットの先端が丸いのに対して、ライフル弾の先端が尖っているのは、航空力学上その形状が最も安定するからです」（近藤さん）

　ライフル装弾に使用されるのは散弾銃と同じシングルベース火薬に添加剤が加えられたものだが、その燃焼速度が大きく異なる。散弾銃は銃身内壁にライフリングがない平滑なつくりなので、発射されたワッズは銃身内を滑るように進んでいく。散弾実包の火薬も、短時間で燃え尽きやすい薄いプレート状のものが使われる。対するライフル実包は弾頭がライフリングに噛み合いながら進んでいくため、散弾銃のように速い燃焼速度の火薬だと薬室内部が高圧になって銃身を破壊してしまう。ライフル用の火薬がゆっくり燃焼しやすい俵型になっているのは、そんな理由があるからだ。

## ライフル実包の仕組み

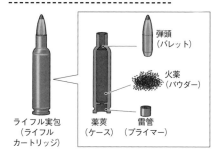

ライフル実包
（ライフル
カートリッジ）

弾頭
（バレット）

火薬
（パウダー）

薬莢
（ケース）

雷管
（プライマー）

## 弾頭の仕組み

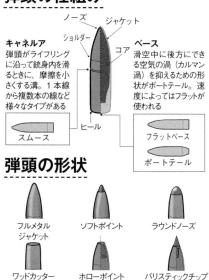

ノーズ　　　ジャケット

ショルダー　　　　コア

**キャネルア**
弾頭がライフリングに沿って銃身内を滑るときに、摩擦を小さくする溝。1本線から複数本の線など様々なタイプがある

**ベース**
滑空中に後方にできる空気の渦（カルマン渦）を抑えるための形状がボートテール。速度によってはフラットが使われる

ヒール

スムース

フラットベース

ボートテール

## 弾頭の形状

フルメタル
ジャケット

ソフトポイント

ラウンドノーズ

ワッドカッター

ホローポイント

バリスティックチップ

# 23

## イノシシ・シカ・クマ 大物猟におすすめの 散弾銃とライフル銃の装弾は？

**ANSWER**

### 散弾銃はスラッグ弾かサボット弾 ライフルは30-06薬莢がよく使われる

イノシシ、ニホンジカ、ツキノワグマ、ヒグマを捕獲する大物猟では、散弾銃（＋ハーフライフル銃）、ライフル銃、空気銃が使えるが、世界的に見て大物猟で最も多く使われているのがライフル銃だ。中・遠距離から正確に獲物を狙撃できるため、警戒心の強い大物を狩猟するのに適している。大物猟によく使われるライフル弾とはどのようなものなのか、内藤さんに聞いた。

「ひと昔前までの大物猟には30-06スプリングフィールドがよく使われていました。このライフル弾は十分なパワーを持っているため、世界中で大物猟の装弾として今でも使われています。流通量が多いので、値段の安さも大きなメリットです」

30-06スプリングフィールドは、1906年にアメリカ陸軍のスプリングフィールド造兵廠で開発された30口径（7.62㎜）のライフル弾で、第一次世界大戦からベトナム戦争までアメリカ陸軍の主力ライフル弾だったため、民生用に開発されたライフル銃にもこの弾が多く採用されている。発射

された弾頭は秒速850ｍ（マッハ2.5）の超音速で滑空し、約900ｍまでを射程範囲とする。日本国内でも遠くの大物を狙撃するのであれば、性能とコストパフォーマンスに優れたライフル弾といえるだろう。

「ただ、最近は308ウィンチェスターという装弾もとても人気になっています。この弾頭は30-06スプリングフィールドと同じ30口径ですが、反動が小さくて扱いやすいのが特徴です。北海道以外の日本の猟場は高低差の激しい森林地帯が多いため、長距離の狙撃をする機会は多くはありません。本州や四国、九州のハンターは、反動が小さくて扱いやすいこの弾を使う人が多いですね」と内藤さんは言う。

308ウィンチェスターは1952年にアメリカの銃器メーカー、ウィンチェスターリピーティングアームズ社で開発されたライフル装弾で、従来のライフル弾よりも撃ちやすさ、威力、精度のバランスが取れた装弾として人気を博し、現在も狩猟用・スポーツ用として広く利用されている。1963年

には北大西洋条約機構（NATO）軍に採用され、「7.62×51mm NATO弾」という名称でも広く知られるようになった。30-06スプリングフィールド同様に流通量が多く対応する銃種も多いため、初心者からベテランまで広く愛好されている。

## 威力では12番に劣るが 20番のボルト式散弾銃もおすすめ

では、散弾銃による大物猟ではどんな装弾が用いられるのか、内藤さんに聞いた。

「散弾銃での大物猟なら12番のスラッグ弾をおすすめします。12番は国内で所持できる散弾銃の弾の中で最大口径であり、弾頭も重いのでパワーがあります。ライフル弾のように長距離を狙うのは難しいですが、一般的な猟場であれば命中精度に困ることはありません。12番スラッグ弾の弾頭重量は1オンス（28g）で、平均的な初速は秒速520m出ますから、ライフル弾よりも低速ですが質量があるため、近距離であればライフル弾に引けをとらないダメージを獲物に与えることができます」

スラッグ弾頭には様々な種類があるが、これはどう選べばいいのか。

「日本ではフォスター型とブリネッキ型の2種類がよく使われており、パワーと精度の点で違いはほとんどありません。ただし、銃との相性に良し悪しが出るので、どちらの弾が自分の散弾銃に適しているのか試射したほうがいいでしょう」（内藤さん）

一方、20番を推すのは佐藤さんだ。

「大物猟なら20番のボルト式散弾銃をおすすめします。12番に比べると20番はかなり軽いので、山中を駆け回る巻き狩りで

は扱いやすいと思います。12番よりも威力は低くなりますが、イノシシやシカを仕留めきれないということはありません」

国産の「ミロクMSS-20」はボルト式散弾銃として人気が高いが、半自動式に比べて2射目が遅くなるというデメリットも指摘される。「ボルトの操作は、練習すれば半自動式並みに早くすることも可能です。まずは練習あるのみ」と佐藤さんは話す。

# よく使われるスラッグ弾頭

**ブリネッキ型スラッグ**
弾頭にフェルトやプラスチックなどを装着したスラッグ弾

フォスター型と同様に頭部が重くできているので、重心が前になり弾道が安定する

**フォスター型 ライフルドスラッグ**
表面に斜めの溝が掘られたスラッグ弾

溝に空気が通り、風車のように回転する。溝にはチョークを傷つけないようにするクッションの役割もある

ミロクMSS・20

# 24

## カモやキジなど大型鳥猟に適した散弾の装弾は？ ヒヨドリなど小型鳥猟には？

ANSWER

カモやキジは3～5号とされるが
7.5号もオールマイティに使える

日本国内で鳥猟に使用される銃は、散弾銃と空気銃に限られており、ライフル銃は大物猟以外で使用することは禁止されている。スラッグ弾やサボット弾は法律上の規制はないが、命中時に肉の損傷が激しすぎるため鳥猟に使用されることはない。ここでは散弾装弾のなかでも「バードショット」と呼ばれる1～10号ペレットについて、詳しく解説していこう。

カモやキジなどの大型鳥には、どんな装弾を使用すればいいのか。「距離によっても変わりますが、カモの場合は3号、キジの場合は6号、オールマイティに5号がよく使われます。装弾量は33gか36gの12番がいいでしょう」と内藤さんは言う。

5号弾は直径約3.05mm、1粒の重さ約0.15gの装弾で、有効射程距離は約40mといわれる。3号弾は直径約3.56mm、1粒の重さ約0.25gの装弾で、有効射程距離は約50m。両者を比較すると、同じ距離における残存パワーは3号のほうが5号よりも大きくなる。つまり、3号のほうが獲物を

撃ち落とせる確率は高くなるが、Q21で解説したように散弾実包は装弾量が決まっているため、5号のほうが命中確率は高くなる。

散弾の難しさは、「何発の弾が命中すれば獲物が落ちるのか」を、あくまでも〝可能性〟でしか答えられないことだ。たとえば、ライフル弾やスラッグ弾であれば、命中したかどうかで捕獲の成否が決まる。もし当たり所が悪かったとしても、手負いの状態で追跡できるので、捕獲確率は高い。

しかし、1発の威力が低い散弾は何発命中しても倒れない可能性がある一方で、1発でもバイタルゾーン（心臓や脳などの部位）に命中すれば倒れる可能性もある。しかも、特にカモは種類や個体によってダメージへの耐性の強さが違うため、「カモはこの装弾なら獲れる」と一概に説明することができないのだ。

自身もカモやキジ猟が大好きという佐藤さんは、7.5号の28g装弾を使っているという。直径約2.41mm、1粒の重さが約0.08

## 散弾の種類

| 名称 | 000B | 00B | 0B | BB | 1号 | 2号 | 3号 | 4号 | 5号 | 6号 | 7号 | 7½号 | 8号 | 9号 | 10号 |
|---|---|---|---|---|---|---|---|---|---|---|---|---|---|---|---|
| 通称 | バックショット | | | バードショット | | | | | | | | | | | |
| 直径(mm) | 9.14 | 8.38 | 8.13 | 4.57 | 4.05 | 3.81 | 3.56 | 3.30 | 3.05 | 2.79 | 2.54 | 2.41 | 2.29 | 2.03 | 1.75 |
| 有効射程距離(m) | 50 | | | | | | | | | 45 | | | 40 | | |
| 最大到達距離(m) | 500 | ～ | 450 | ～ | 340 | ～ | 270 | ～ | 230 | ～ | 190 | | | | |
| 獲物の目安 | シカやイノシシ、中型獣 | | | カモなどの大型鳥、ウサギなどの小型獣 | | | | | | ハトなどの小型鳥 | | | | | |

gの7.5号は、クレー射撃のトラップ競技によく用いられる装弾だ。狩猟用である7号、6号装弾はコジュケイ、キジバト、シギなどの「小中型鳥用」とされているが、7.5号を狩猟用に使うという話はあまり聞かないが……。

「7.5号の最大のメリットは、流通量が多く値段が安いことです。狩猟用途では小中型鳥用と考えられていますが、7.5号でも問題なく仕留められます」(佐藤さん)

命中すれば3号のほうが仕留める確率は高くなると書いたが、過去に行われた散弾に関する実験で「4号よりも6号のほうが致死率は高い」という結果が出たという。

「これは直径の小さい6号弾のほうが、鳥の羽に弾かれることなく体内に入っていきやすいためと考えられていますが、その真偽は定かではありません。ただ、私は実際に7.5号でも大型の鳥が獲れているというのは事実です」と佐藤さんは話す。

### 小型の鳥を狙うなら
### 9号か7.5号がおすすめ

では、キジバトやヒヨドリ、タシギなど、カモやキジよりも小型の鳥に対しては、どのような装弾を使えばいいのだろう。

「9号がおすすめです。5号以上の弾になると、小鳥の場合は肉の痛みが激しくなります。もし弾が余ったらクレー射撃のスキート競技に使うこともできますから」と内藤さん。一方の佐藤さんは、小鳥猟に関しても7.5号を使っているそうなので、9〜7.5号以下であればそれほど細かく号数を気にする必要はなさそうだ。

なお、散弾実包の装填も可能なハーフライフル銃で、バードショットを撃つことはできるのか？ 一般的には、弾を発射することはできても、パターン(弾痕)がドーナッツ状に広がってうまく命中させることができないと言われるが、「ドーナッツ状のパターンになるのを、私は見たことがありません。実際に試してみましたが、全方向に広がるパターンが確認されただけで、実猟では足元から飛び立ったキジを撃つぐらいでしか使えないと思います」と佐藤さんは教えてくれた。やはりハーフライフル銃で散弾を発射するのは、実猟という点から考えても無理があるようだ。

# 25

## バックショットは
## なぜ危険とされている?
## 効果的に使用できる場面はない?

ANSWER

### 跳弾のリスクが高いが
### 単独シカ猟では使用される場面も

「バックショット」とは、散弾実包のペレットのうち直径が5mm以上のものの総称で、「バック(buck)」とは英語でオスジカを意味する。その名のとおりシカなどの大型獣を撃つ散弾ペレットとして使われるほか、海外では警察や軍隊で対人用の散弾実包としても利用されている。

バックショットの種類は、その国の工業規格によって大きさや呼び方が異なる。たとえばアメリカでは、「トライボール」と呼ばれる直径15.2mmの3粒弾や、直径8.38mmの「00(ダブルオー)」など、約10種類が存在する。日本では6粒、9粒、12粒、15粒、27粒といった形で詰められているペレットの数で表記されることが多く、6粒、9粒、12粒までがよく使われている。

このバックショットについて、日本国内では危険視する声が上がっている。平成29年に一般社団法人大日本猟友会では、構成員に対して6粒、9粒、15粒の使用を禁止する通知を出している。その理由は、バックショットが木などに当たって跳弾し、人に命中した事故が多発したためとされる。

しかし、この「バックショットは危険」という見解に対しては、反対意見もある。同年に一般社団法人猟用資材工業会からは、「猟銃を使用した他因死亡事故で、工場製『大粒散弾実包』そのものを原因とする判例はない」という声明が出され、両団体の意見は対立する形となった。

バックショットの使用に関するこの状況を、本書の回答者はどのように考えているのか。まずは佐藤さんに聞いてみた。

「危険なのは弾ではなく、人間なのだと考えるべきでしょう。確かにバックショットは弾が広がるように飛んでいくため、ライフル弾やスラッグ弾のように射手が精密に狙って着弾させることはできません。しかし、問題が跳弾だというのであれば、ライフル弾であれスラッグ弾であれ、跳弾のリスクは必ずあります。跳弾しやすい竹藪や岩場に向けて発射しないというのは、狩猟者なら誰もが守るべき基本的なルールであり、その誤った判断によって引き起こされ

右から二番目がバックショット。散弾よりも粒が大きい

た事故までバックショットの責任にするというのは、おかしいと思います」

## バックショットを禁じている猟犬を使う巻き狩りの猟隊もある

　バックショットによって発生した事故には、流れ弾が家屋に着弾したという例もある。このような問題についても、佐藤さんは「そもそも家屋がある方向に射撃をしたことが間違いです。もしこの弾がバックショットではなくスラッグ弾で、たとえそれが家屋を逸れて着弾したとしても、発砲すれば違法になります。当たらなければいいということにはなりません」と言う。

　銃猟では、獲物の背後に山の斜面や高い土手など、弾が外れても流れ弾をつくらないようにする「バックストップ」が視認できていない限り、発砲してはならないと決められている。発射方向の先が見えていない場所や、尾根にいる獲物に発砲する行為は、それ自体が危険行為となってしまう。佐藤さんはバックショットについて、さらに注意点を付け加えてくれた。

　「バックショットをフルチョークで発射す

ると、まれにパターンを大きく外れる弾ができることがあります。これはペレットがチョークを通るときに、ほかの弾に当たって変形を起こして軌道が大きくズレるためだと思われます。過去にバックショットの試射をした際、通常は20cmほどに収まるパターンのなかに50cmほどまで広がったパターンができたことがあります。バックショットのパワーはスラッグ弾ほどではありませんが、それでも1発でも命中すれば人を殺してしまいます。こういったリスクがあるということを、きちんと理解しておくべきでしょう」

　猟犬を使役する巻き狩りの猟隊のなかには、大日本猟友会が禁止を勧告する前からバックショットの使用を自粛していた猟隊もある。もし巻き狩りに参加するつもりなら、その猟隊でバックショットを使えるのかどうか確認すべきだ。

　バックショットは散弾のようなイメージで発射できるため、クレー射撃での練習を大物猟にも応用しやすい。そういう意味では、静的射撃に慣れない人には扱いやすい装弾ということになるかもしれない。

# 26

## 弾頭の「重い・軽い」
## 火薬の「多い・少ない」で
## 弾道特性はどう変化する？

遅い弾頭ほど落下量が大きい
重さと火薬量はバランスが重要

銃口から弾が発射されてから地面に落ちるまでの軌跡を「弾道」というが、弾道は弾頭と火薬の関係性によって決まる。これまで解説してきたように、弾頭には散弾銃のペレット、スラッグ、ライフル弾頭と様々な種類があり、重さや形状も異なる。さらに弾頭を加速させる火薬の量でも弾道は大きく変わるため、精密な射撃をするには、弾頭と火薬の関係性から生まれる〝弾道特性〟をきちんと理解しておく必要がある。

弾道特性の話の前提として押さえておきたいのが、「物体の落下」についてだ。地球上にある物体は、すべて毎秒9.8ｍの加速度で落下する。このときの変位（落下量）は「1/2×重力加速度×時間×時間」で求められるので、たとえば物体が0.3秒間落下したら、物体は0秒の地点から0.09ｍ、0.5秒後なら2.45ｍ、1秒後なら4.9ｍ落下することになる。この落下量は、たとえ超高速で滑空する装薬銃の弾頭であっても変わることはない。つまり、秒速850ｍで射出されたライフル弾頭も、1秒後には発射さ

れた高さから4.9ｍ下に落下する。この落下量を補正するには弾頭を〝斜方投射〟する必要があり、銃口の高さ（≒目線の高さ）に弾が落下するまでの距離をゼロインと呼ぶ。ゼロインについてはQ15で解説したので、読み返してほしい。

### 重い散弾実包のほうが
### 空気抵抗による速度減衰が小さい

弾道特性において、もうひとつ理解しておかなければならないのが、「物体の落下スピードはその物体の重さによらず一定である」ということだ。ガリレオ・ガリレイがピサの斜塔からふたつの鉛の玉を落下させた実験は有名だが、弾頭は重くても軽くても1秒間の落下量は同じになる。

これは空気銃を扱っていると疑問に感じることだが、2種類の重さの違うペレットを発射すると、軽い弾よりも重い弾のほうが同じ距離での落下量が大きくなる。実はこれは弾の重さによって落下量が変わるのではなく、同じ推進力では重い弾のほうが

初速は遅くなるためだ。たとえば、150気圧のプレチャージ式空気銃で、軽いペレットと重たいペレットを撃った場合、軽いペレットのほうが加速しやすいため初速が速くなる。つまり、同じ距離に到達する時間は軽いペレットのほうが早くなるため、重いペレットよりも落下量が小さくなるわけだ。これは推進力に火薬を使った装薬銃でも、まったく同じである。

散弾実包の場合は、装弾量に応じて火薬量が調整されているため、軽装弾の9号24gであっても、3号53gのマグナム装弾であっても射出速度はほぼ変わらず、そのため真空中の飛距離も変わらない。しかし、実際のデータを見ると、3号弾（最大到達距離270m程度）のほうが9号弾（同190m程度）に比べて遠くに飛ぶことになっている。これは質量のある物体のほうが、空気摩擦による速度の減衰を受けにくくなるためだ。試しに同じサイズのピンポン玉と鉄球を同じ速度で投げた場合、軽いピンポン玉のほうが急激に減速して飛距離が短くなる。これと同じような現象が、散弾についても言えるということだ。

## 大量の火薬を一気に燃焼させないと軽い弾はうまく飛んでいかない

弾頭の重さと火薬の関係性については、佐藤さんが次のように教えてくれた。
「意外に思うかもしれませんが、装弾に使用される火薬の量は弾頭が軽いから少なく、重いから多くとはなりません。軽い弾は動き出すまでに必要な圧力が小さいため、大量の火薬を一気に燃焼させないと、十分な推進力を与える前に弾が銃口から飛び出し

てしまいます。よって、火薬量は多く使用されます。逆に、重い弾は動き出すまでに大きな力が必要になるため、大量の火薬を一気に燃焼させると、銃身が耐えきれずに破損する危険性があります。よって、一般的に火薬量は少なくなります」

初心者は「重い弾ほど多くの火薬を使用する」というイメージを持つが、実際はそうではない。弾頭と火薬の関係は重さや火薬量だけでなく、燃焼速度や散弾実包なら火薬を詰め込む強度、ライフル弾なら薬莢内の空間などによって変化する。
「どんな弾頭重量でどの程度の火薬量と種類が適切なのかについては、長年研究されてきたデータがあり、ハンドロードする際はそれらのデータを見ながら組み合わせを行います」（近藤さん）

なお、軽量な弾を発射する際の注意点として、横転弾（タンブリング）という現象がある。横転弾とは発射された弾頭自体が回転する現象で、回転する物体には揚力が発生するため、野球の変化球のように弾道が大きく逸れてしまう。ライフリングの回転と混同されやすいが、ライフリングは進行軸上を回転する現象であり、タンブリングとは異なるので注意が必要だ。
「タンブリングは、軽い弾を高速で発射したときに起こりやすくなります。原因は弾頭の重さだけでなく、弾頭の長さやライフリングのツイスト比などのバランスが崩れたときにも発生します。特にプレチャージ式空気銃では、軽量の弾を高圧で発射したほうが精度が上がると思っている人がいますが、実際にはタンブリングが発生しやすいため注意が必要です」（佐藤さん）

# 27

## 狩猟用装弾の鉛規制 今後の動向はどうなる？ 鉛に代わる素材には何がある？

ANSWER

鉛弾規制は高確率で全国に適用される 用途によっては規制が外れる可能性も

　銃を扱う狩猟者が覚えておかなければならないのが、鉛弾規制である。これは野鳥が鉛弾などを食べて、鉛中毒を起こす問題である。人間などの胃袋を持つ動物は金属状態の鉛を摂取したとしても、数時間で体外に排出されるため問題が起こることはまずない。しかし、鳥類の場合は飲み込んだものを「そのう」と呼ばれる消化器官に溜めて、一緒に取り込んだ砂や小石を使ってすり潰すようにして消化する。こうして微細化した鉛粒が徐々に体内に取り込まれ、脳や肝臓に致命的な健康被害をもたらすことになる。

　野鳥の鉛毒死の一因とされるのが、狩猟者の残した弾頭などだ。たとえば、ワシやタカなどの猛禽類が、狩猟者が放置したシカなどの狩猟残滓や、半矢で行き倒れた獲物の死骸を食べて鉛中毒につながるケース、狩猟者が発砲した鉛散弾を水鳥が小石と勘違いしてエサと一緒に飲み込むケースなどが報告されている。ただし、鉛中毒問題の何割が鉛弾によるものかについては、いま

だ科学的根拠が出ていない。北海道では平成16年にライフル装弾の鉛規制が行われているが、いまなお猛禽類の鉛中毒死が報告されている。また、すでに鉛弾が全面規制された韓国でも、野鳥の鉛中毒死は後を絶たない。

　こうした状況を踏まえて、令和3年に環境省が検討を開始したのが、「狩猟用鉛弾の全国的な使用規制」だ。環境省の答弁書によると、「狩猟者が非鉛弾の使用に慣れていないこと、および非鉛弾の製造・供給体制が整っていないことなどの課題がある」としたうえで、「狩猟のための水辺域における鉛製散弾の使用については、しかるべき時期に全域で禁止する」と述べられている。具体的なスケジュールは公表されていないが、2025年から段階的に進め、2030年までには全面的な施行となるようだ。

　鉛弾の使用については回答者の多くが「規制は行われる」と答えているが、環境保護の観点から考えても、狩猟業界がこの

流れに逆行することは考えにくい。しかし、規制がどこまでの範囲に及ぶのかは依然不透明だ。令和３年の答弁書では「水辺域における鉛散弾の使用禁止」と「特定鳥獣保護管理計画における鉛弾禁止」についての言及はあるが、水辺以外での大物猟用の鉛弾（スラッグ弾やライフル弾）、水辺における空気銃の鉛ペレットなどについては明確な言及がない。

「鉛弾はスラッグ弾、ライフル弾、空気銃用ペレットを含めて、全面的な規制になると思われます。ただ、いつから規制が始まるのかが、銃砲業界としてもまったくわからないというのが本音です。特にスラッグ弾やサボット弾は、たとえ鉛弾頭でも入手しにくい状況なので、数年以内に完全移行するのは難しいと思います」と内藤さんは言う。

非鉛製のスラッグ弾頭やサボット弾頭、空気銃のペレットには、銅や錫を主原料とした合金が使われることが多いのだが、その取引量は鉛製に比べてまだまだ少ない。国内での取扱店も限られているため、即座に全面移行しづらいということだ。

## 狩猟用途では全面規制されるが駆除などでは難しい可能性も

一方、「狩猟用途では近いうちに全面的に非鉛製に移行すると思いますが、有害鳥獣駆除での規制は考えにくい」と言うのは佐藤さんだ。野生鳥獣の捕獲には狩猟制度以外にも、許可捕獲制度（有害鳥獣駆除）や特定鳥獣保護管理計画制度がある。この制度は趣味としての狩猟ではなく、野生鳥獣による農林業被害の軽減や、環境保護の

ための指定鳥獣（イノシシやシカなど）の個体数管理が目的であり、いわば〝業務〟としての狩猟に位置づけられる。狩猟者の中にはこうした制度をまたいで活動する人も多いため、一括して鉛弾の規制を行うのは難しい。漁業において、遊びの遊漁と業務の漁業では使用できる漁具の規制が異なるように、狩猟においても同様の区分けがされるというのが佐藤さんの意見だ。

狩猟制度では環境省が指針を示し、各都道府県知事の判断で規制を策定できる仕組みになっている。全国的に鉛弾の規制が行われても、都道府県ごとにその対応が異なる可能性も十分にある。ハンターは今後の鉛弾規制の動向を注視する必要があるだろう。

| | 素材 | 硬さ<br>（鉛との比較） | 比重<br>（鉛との比較） |
|---|---|---|---|
| 鉄系 | 鉄<br>（スチール） | 約5～8倍 | 約0.7倍 |
| | 軟鉄<br>（ソフトスチール） | 約3～5倍 | 約0.7倍 |
| 非鉄系 | ビスマス | 約1～2倍 | 約0.9倍 |
| | タングステン | 約2倍 | 約0.9倍 |
| | スズ | 約0.5倍 | 約0.7倍 |
| | 銅 | 約3～5倍 | 約0.8倍 |

非鉛スラッグ弾

# 銃身の素材や長さによって
# 使える装弾、弾頭、火薬量などに
# 影響はある?

## 非鉛散弾を撃つ際はチョークに注意
## 銃身長は装弾により最適値が変わる

　銃において「銃身」は特に重要な部品だが、ここではそんな銃身についてより詳しく知るために、銃身に施された様々な工夫について考察してみたい。

　銃身は「平滑銃身」と「ライフリング銃身」に大別できる。平滑銃身は散弾銃の銃身に使用され、ワッズカップに入ったペレットごと銃身内を滑るように加速させていくため、内壁は滑らかになっている。ただし、銃身の厚みはすべて均一ではなく、火薬が燃焼する銃身後部(ブリーチ)側は厚く、先端に行くほど徐々に窄まっていく構造になっている。銃身先端の窄まりは「チョーク」と呼ばれ、この締め付け具合によって散弾の拡散スピードが変化することは、Q21で解説したとおりだ。

　平滑銃身と装弾との関係が射撃の精度に影響を与えるのが、非鉛散弾を使用する場合だという。

　「チョークのきつい銃身で鉛よりも硬いスチールやソフトスチール装弾を使うと、チョーク部が膨らんで破損する危険性があ

ります。どの程度までのチョークなら安全に発射できるのかは、銃の材質にもよりますが、3/4絞り(インプモデ)と全絞り(フル)は避けたほうがいいでしょう」と内藤さんはアドバイスする。

　一方、ライフリング銃身はライフル銃や空気銃で使用されており、ライフリング銃身は内壁に「ライフリング」と呼ばれる施条線が掘られている。この溝に弾頭が噛み合いながら滑ることで、弾頭に回転が加えられるわけだ。ライフル銃身と装弾との関係について、佐藤さんは次のように話す。

　「ライフル銃身の施条線やひねり具合(ツイスト比)は、その銃が発射する弾頭の重さや長さによって変わってきます。そのためそれらのバランスが崩れると、発射された弾頭が横転弾となる可能性が高くなるので、注意が必要です。これは空気銃についても言えます。特にプレチャージ式空気銃は、射出圧力、弾頭の重さ、銃身の関係で精度などが大きく変化します。最近はエアスラッグと呼ばれる重量のあるスラッグ形

ペレットも登場していますが、本来の性能を出すためにはエアスラッグ用に設計された銃身を使ったほうがいいでしょう」

## 短銃身モデルは連射速度の低下と発射音が大きくなるデメリットも

Q3で紹介したように、散弾銃にもライフリングを持つライフルド・スラッグ・ガン（RSG）という種類があり、日本ではライフル銃の規制によってRSGのライフリングを半分以下に削り取った銃が「ハーフライフル銃」や「サボット銃」という名称で流通している。ハーフライフル銃の銃身とサボット弾の関係性について、佐藤さんに聞いてみた。

「ハーフライフル銃の銃身は、非常に難しい銃身です。というのも、この銃身にライフリングを削る追加の加工は日本国内で行うのですが、その精度によって弾との相性がまるで違ったものになるからです」

日本国内では、銃身長は装薬銃が48.8cmを超える長さ（20インチ以上）から所持が可能となっており、一般的には30インチまでの銃身が流通している。なお、空気銃には銃身長に制限がないので、20インチ以下の短銃身モデルも多数販売されている。銃身は短ければ短いほど銃全体が軽くなり、猟場での疲労を軽減できて取り回しもしやすい。ただ、短銃身には次のようなデメリットもあると佐藤さんは言う。

「銃の先端が軽くなるため、同じ弾を発射したときに長銃身よりも跳ね上がりが大きくなります。銃身が跳ね上がると2射目に再び狙いを合わせなければならず、連射速度が低下します。また、短銃身は射撃時の

音が大きく感じられるというのも、デメリットかもしれません」

音が大きく感じられるのは、単純に銃口と人間の耳との距離が近くなるだけでなく、未燃焼の火薬が空気中で燃焼するためという説もある。たとえば、26インチの銃身で発射することを想定した装弾を20インチの短銃身で発射した場合、6インチ分の火薬が銃口を出てから燃焼するため、銃口から火柱が上がることがあるという。

## 散弾は銃身の長短による初速の違いはほとんどない

散弾を発射する銃身には、一般的に26～30インチの長銃身が使用され、逆にスラッグ弾を発射する銃身は24インチ以下の短い銃身が用いられる。この理由について、佐藤さんは次のように説明する。

「長い銃身は狙いがつけやすくなります。長銃身だと〝火薬による推進力〟を受ける時間が長くなるので、弾の初速が速くなると言われますが、散弾は早い段階で燃焼を終えるため、短銃身であっても初速はほとんど変わりません。鳥撃ち用の散弾銃に長銃身が使われるのは、目と照星の距離が長いので動く標的に狙いを定めやすいからです」

銃身長が短いスラッグ専用銃身に対しては、「スラッグ弾は散弾に比べて動き出しが遅いため、弾頭が銃口を抜けるまでの抵抗（抜弾抵抗）が大きくなります。その際に銃身内が高圧になりすぎるのを防ぐために短銃身が利用されます」という。銃身の長短は、銃の取り回しという理由だけでなく、使用を想定した装弾によって変わってくるということを理解しておこう。

# 29

## 回転不良（ジャム）ってなぜ発生する？ジャム時の対策や防止方法は？

**ANSWER**

一番多い原因は構え方が悪いため整備不良によって起こる場合もある

何らかの理由で次弾が発射できなくなるなど、銃が正常に動かない現象を「回転不良（ジャム）」という。ジャムが発生すると連射速度が極端に落ちるだけでなく、銃の故障や暴発などにつながる危険性があるため、銃猟シューターとしては見過ごしてはいけないトラブルといえる。

実はひと口に「ジャム」と言っても、その現象は様々だ。最も一般的なのが、次弾が装填される際に空薬莢が排莢口（イジェクションポート）に引っかかって、装填動作が止まってしまう現象だ。排莢はレシーバーに開いた排莢口から、エキストラクターと呼ばれるバネの力を使って空薬莢を弾き飛ばすのが一般的だが、何かの理由でこの動作が〝中途半端〟に動いてしまうと、この現象が起きる。佐藤さんにその理由を聞いてみた。

「セミオート式であれば、装弾量が足りていない可能性が高いです。セミオート式の自動装填・排莢は、射撃時の反動を利用して遊底を動かします。このとき発射した弾が軽すぎると十分な反動が遊底に伝わらず、排莢口が中途半端に開いて空薬莢を噛んでしまいます。また、装弾量が十分でも銃の構え方が悪くて体で反動を受け流してしまうと、遊底を動かす反動が足りずに中途半端な動きになることがあります」

反動の不良によるジャムは、上下二連式散弾銃でも発生することがあると話すのは岡部さんだ。

「1本の引き金で2本の銃身の弾を発射する上下二連式散弾銃では、内部に振り子と呼ばれる部品が付いています。この振り子はシアーに噛み合っているのですが、初矢の反動で後退したときにシアーとの噛み合いが外れて、二の矢のハンマーにシアーが移動するような仕組みになっています。現在は改良されてこのようなトラブルは少なくなりましたが、反動がうまく銃に伝わらないと振り子が正しく移動しないので、二の矢が発砲できなくなる回転不良が起きていました」

排莢口がまったく開かずに起こるジャム

もあるが、この原因は何なのだろう。

「セミオート式であれば、ガスポートの詰まりが原因として考えられます。セミオート式では、発射されたときに燃焼ガスの一部がガスポートを通して機関部に流れ込み、遊底のロックを外すような仕組みになっています。遊底が動かずに排莢口がまったく開かないというのであれば、遊底のロックが解除されていない可能性が高いので、ガスポートに火薬の煤などが詰まっていて、機関部に燃焼ガスが入り込んでいない可能性があります」（佐藤さん）

しばしば勘違いされるが、セミオート式の自動装填・排莢機構は、燃焼ガスの与圧で遊底が動いているわけではない。佐藤さんが教えてくれたように、遊底を動作させるのは射撃時の反作用によるものであり、ガスポートから入り込む燃焼ガスはロック機構を動かす目的で使用されている。特にベテラン狩猟者の中には、「セミオート式は遊底を動かすために大量の燃焼ガスを利用するからパワーが落ちる」と考える人がいるが、これは間違いである。佐藤さんによると、ロックを外すために必要なガス圧はほんのわずかであり、発射される弾頭への影響は無視できるほど小さいのだという。

## 空薬莢が取り残されるジャムには大きく3つの原因が考えられる

排莢口は開くもののレシーバー内に空薬莢が取り残されてしまい、送られてくる次弾と噛み合って停止してしまうといったジャムの現象もあるが、この原因は大きく3つが考えられると佐藤さんは言う。

「まず考えられるのが、排莢動作に係る部品が故障している可能性です。空薬莢は排莢口が開くと、エキストラクターで弾き飛ばされますが、このエキストラクターが折れたりヘタっていたりすると、空薬莢がレシーバー内に残って次弾と噛み合うことがあります。ふたつ目は薬莢の問題です。薬莢の最下部にあるリムという膨らんだ部分に、エキストラクターの爪がうまく引っかからないため、空薬莢を薬室から引き抜くことができなくなるのです。そして最後が整備不良です。たとえば薬室の掃除が不十分だったり、内壁が錆びて表面に凹凸ができていると、発砲後にふくらんだ空薬莢が引っかかってしまい、エキストラクターが回収できなくなることもあります」

こうした原因以外にも、銃身とレシーバーの間にガタがあり、発射時に薬莢がふくらんで隙間に噛み合ってしまうこともあるという。これは銃身とレシーバーのすり合わせを手作業で行っているため、他の銃身を取り付けることでガタが発生してしまうためだ。特に古い銃の場合、製造年や製造された工場によってかなり大きなガタが生まれるため、銃身交換や替え銃身を銃砲店でマッチングしてもらったほうがいい。

もしジャムが発生してもあわてずに、どんな現象が起きているのか冷静に観察する。空薬莢が排莢口に噛み合って止まるというトラブルでは、銃の撃ち方に問題がある場合も多いので、クレー射撃場の射撃指導員に射撃姿勢を確認してもらうという方法もある。排莢口がまったく開かない、薬室に空薬莢が取り残されて止まってしまったというトラブルなら、やはり銃砲店に銃を持ち込んで検査を受けるようにしよう。

# 30

## 弾を手詰め（自作）する ハンドロードって メリットはあるの?

ANSWER

弾のコストを下げることに加え
自分好みに弾道特性を変えることも

ハンドロード（手詰め）とは、装弾の材料である火薬や雷管、薬莢、散弾実包であればワッズを用意して、専用の器具を使って実包を製造する行為のことである。狩猟用の実包や空包は「猟銃用火薬類」と呼ばれ、火薬類等取締法により、経済産業大臣または都道府県知事の許可を受けた製造業者でなければ、製造することはできない。しかし、下記のいずれかに該当する場合は無許可で製造することが可能となる。

数十年以上前までは、地方では火薬類の流通や入手が困難だったため、ハンドロードは実用的な理由で広く行われていた。し

かし、近年は装弾の入手が比較的容易になったことから、ハンドロードの実用性は薄れ、多くの状況で工場生産された装弾（ファクトリーロード）が使用されている。

では、現代においてあえて装弾を「ハンドロードする理由」とは何なのだろうか? 自身でライフル弾のハンドロードを行う東良成さんは、その理由を次のように語る。「ハンドロードを行う一番の理由は、求めている装弾が一般的に流通していないからです。特にライフル弾の場合は薬莢の種類が多く、ニッチな薬莢だとファクトリーロード弾は国内で流通していないことがあ

## 実包や空包を無許可で製造することが可能な場合

狩猟者登録を受けた者または鳥獣捕獲の許可を受けた者が、
1日につき実包または空包の合計 100 個以下をつくる場合

射的練習をする者が、1日につき実包・空包の合計 100 個以下をつくる場合

鳥獣の駆逐をする者が、1日に空包 100 個以下をつくる場合
（駆逐とは単に追い払うことを意味し、捕獲したり追い払ったり駆除とは異なる）

ります。そこで薬莢だけを海外から輸入し、一般的に出回っている火薬と雷管を組み合わせてハンドロードするのです」

　真鍮などでつくられたライフル薬莢は、よほど損傷が激しくない限り再利用することができる。つまり、入手が難しい薬莢はリサイクルすることで、その購入頻度を減らすことが可能になるわけだ。さらに東さんは、ハンドロードにはあとふたつメリットがあるという。

「装弾のコストが下がります。ニッチな薬莢ほど流通量が少なく単価も高いので、リサイクルはコストダウンに直結します。薬莢の種類にもよりますが、ファクトリーロード弾の2/3程度になることも少なくありません。現在、主流の30-06スプリングフィールドや308ウィンチェスターといった薬莢は、射撃競技にも利用されるのでファクトリーロード弾と値段はほとんど変わりませんが。そしてもうひとつのメリットが、自分の狩猟スタイルに合った装弾がつくれることです。私は樹木が生い茂った狭い空間の猟場で狩りをすることが多いので、ファクトリーロード弾だと威力や反動が強すぎると感じることがあります。しかもライフル銃にはライフリングによって弾との相性が強く表れるので、ハンドロードなら相性がよくて精度が出る自分好みの弾をつくることができます」

## サボットスラッグ弾は
## ハンドロードで1/3以下に！

　では、散弾銃のハンドロードにはメリットがあるのだろうか。散弾実包のハンドロードに詳しい近藤さんに聞いてみた。

「バードショットやバックショットの場合は、コスト的な面であまりメリットがありません。特にクレー射撃で利用される7.5号や9号の装弾は流通量が多いため、ハンドロードするよりもファクトリーロードのほうが圧倒的に安い。また、散弾実包のハンドロードは、ライフル実包よりも難しいという問題があります。ライフル弾の場合は燃焼速度を緩やかにするために、薬莢内にはある程度の空間を設けます。しかし、散弾の場合は瞬時に火薬を燃焼させる必要があるため、火薬を密に詰め込む必要があります。この詰め込む作業を手動で行うと、どうしても圧力にバラつきが出てしまい、装弾によってはペレットの速度にバラつきが出る原因になります」

　同様の理由で、スラッグ弾のハンドロードもあまりメリットはないという。平滑銃身で撃つスラッグ弾は火薬の詰め込み方によって精度が大きく変わるため、散弾以上にハンドロードには慣れと技術が必要だからだ。では、ハーフライフル銃に使われるサボット弾はどうなのだろう。

「サボットスラッグのハンドロードは、コストを大幅に下げることができます。材料にもよりますが、1/3以下でつくることも可能です。遠距離からの精密射撃が求められるハーフライフル銃は、圧倒的な練習量が必要になるので、コストを抑えられるのは大きなメリットになるはずです」

　〝1発ラーメン1杯〟と揶揄されるサボット弾は、1発800〜1000円と非常に高い。近藤さんによると、ハンドロードなら1発200〜300円くらいまでコストを下げることができるという。

# 31

## ハンドロードに使う
## 薬莢や火薬、雷管などは
## どこで買う？ どう選ぶ？

ハンドブックのレシピ通りの材料を
銃砲火薬店で購入しよう

ハンドロードに使用する薬莢や雷管、ワッズ、火薬類といった材料は、基本的に銃砲店で購入できる。しかし、銃砲店によっては火薬類を取り扱っていないところも多い。火薬類の取り扱いがある銃砲店は、店名に「○○銃砲火薬店」と〝火薬〟の文字が入っていることが多いので、店頭で購入する予定の人はあらかじめ確認をしておくといい。最近はインターネットショッピングに対応している銃砲火薬店も増えているので、近くに店がないという人は、こうした店から通販で手に入れる方法もある。

ハンドロードの部品を購入するときは、あらかじめ自分が製造したい装弾のレシピ（写真①）を入手しておこう。このレシピは「リローディングハンドブック」や「リローディングマニュアル」などと呼ばれ、銃砲店だけでなくAmazonなどでも購入できる。また、ハンドロード用品を買うと、付録として付いてくることもある。

ハンドロードに使用する薬莢、弾頭、火薬（写真②）、雷管（写真③）の組み合わせは、原則としてこのハンドブックに載っているレシピどおりに製造する。火薬量が規定量よりも多かったり、火薬の種類が異なったりすると、思わぬ事故の原因になるので注意が必要だ。

### 散弾薬莢はダメージがないものを
### クレー射撃場で回収するのが一般的

散弾銃のワッズ・ガスシールにはいろいろな種類がある。ワッズ類（写真④）もハンドブックに記載されたものを購入するが、火薬類と違って入手に許可は必要ないので、試しに複数種類買っておくのもいいだろう。

ライフル薬莢を再利用する場合は、外観を調べて、ボディに破れや錆、局部的なふくらみがないことを確認する。散弾薬莢（写真⑤）の場合は、本体にダメージがなく、薬莢下部のロンデル（海外ではブラス=Brass）と呼ばれる部分に変形がないものを利用すること。散弾薬莢はクレー射撃場などにたくさん捨てられているので、射撃場の管理人に一声かけてダンボールに入

れて持ち帰り、自宅で使えそうなものを選定するといいだろう。

　弾頭（写真⑧右）も銃砲店で購入するのが一般的だが、スラッグやサボットは個人で鋳造する人も比較的多い。この作業には鉛のインゴットとあわせて、鉛を溶かす電気釜（写真⑥）、製造したい弾頭の形状に合った金型（モールド＝写真⑦）、モールドを掴むハンドル（写真⑧左）などが必要になる。鉛の鋳造作業は高温になるため、必ず革手袋を用意する。鉛の粉末を吸い込む危険性も高いので、防塵マスクを着用して、室内で作業を行う場合は必ず換気しながら作業しよう。

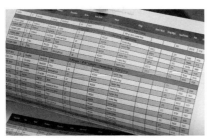

写真① 装弾のレシピが書かれたリローディングマニュアル

写真② 無煙火薬。インターネット通販で購入できる

写真③ ウィンチェスターの散弾用の雷管

写真④ ワッズ類はいくつかの種類を用意しておく

写真⑤ 装弾薬莢はなるべくしっかりしたものを選ぼう

写真⑥ 鉛を溶かすための電気釜

写真⑦ ハンドルで金型（ブレットモールド）を挟んで溶かした鉛を注ぎ込むと、鋳型の形に沿って弾頭ができあがる

写真⑧ 鋳造したスラッグ弾頭（右）とモールドハンドル（左）

# 32

# 散弾銃の粒弾や一発弾の
# ハンドロード方法と
# 必要な道具とは？

*ANSWER*

## リローディングマシンがおすすめ
## ロールクリンプには専用工具が必要

散弾実包のハンドローディングには様々な器具が使用されるが、すべて専用品を準備するとなると、費用もそれ相応にかかってしまう。そこで、散弾実包のハンドローディングに詳しい近藤さんに、初心者でも扱いやすいハンドローディングの用具について教えてもらった。

「散弾実包のハンドロードでは、リローディングキット Lee Load-All II（写真①）などを使うことをおすすめします。この器械は所定の位置に薬莢をセットしてハンドルを下ろすだけで、薬莢の成型から雷管・火薬・ワッズ・弾頭の装填、クリンプの整形まで、一連の作業を行うことができます」

Lee Load-All II は価格も２万円ほどなので、初心者の入門用としても高くはない。リローディングキットは口径によって仕様が変わるため、12番実包を製造したければ12番用、20番実包なら20番用を購入する必要がある。

ハンドローディングキットは台の上に固定して作業を行うため、専用の取り付けネジが付属されている。しかし、一般家庭ではハンドロード専用の台を置くのは難しいという人も多い。ホームセンターで売られているクランプを２つ用意しておき、使用時のみ台に固定するといい。

バードショットやバックショットをハンドロードする場合も、このリローディングキットでスタークリンプをつくることができる。ただし、スラッグやサボットの場合はロールクリンプをつくらなければならないので、専用の器具が必要になる。

ロールクリンパ（写真②）はボール盤や電動ドリルに取り付けて、摩擦熱で薬莢の先端を巻くビット型と、台に固定してハンドルを回す手動式の２種類がある。どちらを利用してもかまわないが、近藤さんによると「手動式のほうがきれいに巻ける」とのことだ。

### ハンドロードの完成度を高めるには
### 様々な道具が必要になる

新品の薬莢を使う場合は必要ないが、使

用済み薬莢を使うときは、発射時の熱で薬莢の口が歪んでしまう。この状態では薬莢内に弾頭やワッズを入れられないため、先端をきれいに成形する必要がある。

薬莢の口を成形する器具には「トリマー」と呼ばれる専用のカッターがあるが、切り詰めるとクリンプの形状が微妙に変わるため、近藤さんは電動式のやすり（写真③）をよく使うそうだ。市販の電動ドリルの先端に装着して、薬莢の口を押し当てれば簡単に成形することができる。ただ、やすりで削ると先端が少し削れてしまうため、薬莢をより丁寧に扱いたいという人には、摩擦熱で口を軟らかくして広げるタイプをおすすめするという。

なお、使用済みの薬莢はロンデルの部分が圧力で膨らむため、そのまま薬室に込めると噛み合って動かなくなってしまう。そこで、整形済みの薬莢はサイズチェッカー（写真④）を通して、ロンデルの大きさを確認する必要がある。

また、瓶に詰められている火薬を取り出すのに火薬スプーン（写真⑤）が必要になる。火薬量は後から計量器で重量を測るのだが、専用のパウダーメジャー（写真⑥左）を用意しておけば、調整回数が少なくなるので作業もはかどる。パウダーメジャーには火薬の種類や量に応じて、使用するメジャーの早見表（写真⑦）が付いている場合が多い。使うスプーンのサイズがひと目でわかるので、早見表はとても便利だ。

火薬量は電子はかりを利用して重量の確認を行う。このはかりはどのようなものでもかまわないが、火薬量はグレイン数で表記されるため、一般的なグラム表記にする

には電卓を叩いて換算しなければならず、誤差が発生しやすい。火薬の装填は1グレイン（0.06g）単位で大きく違う結果を生むため、できればグレイン単位で測れるはかりを入手しよう。電子はかりには火薬を入れるパウダーパンが付いているタイプ（写真⑥右）もあり、火薬をこぼさずに薬莢に入れることができる。

写真② 手動式のロールクリンパ

写真① あると便利なリローディングキット Lee Load-All II

写真③ 電動ドリルの先端にやすりを装着して成形する

写真④ サイズチェッカーでロンデルの大きさを確認

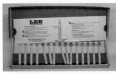

写真⑤ 小さなサジのような形状の火薬スプーン

写真⑥ パウダーメジャー。右はパウダーパンが付いたタイプ

写真⑦ パウダーメジャーに付いている早見表

# 33

## 散弾銃の装弾
## ハンドロードするときの
## ポイントを教えて

ANSWER

リローディングツールを使って、
火薬やワッズ類をしっかりと圧着する

引き続き近藤さんに散弾実包のハンドロードの方法を教えてもらうが、ここではまず、空薬莢のロンデルと使用済み雷管の除去を行うことにする。この作業は前述したリローディングツールを使えば、一括で作業を行うことができるので楽だ。

空薬莢にリング状の工具を差し込んだ後、所定の台座にセットする。このままハンドルを下げるとロンデルがリングのサイズに合わせて成形され、同時に使用済み雷管が排出される。成形されたロンデルはリングと圧着するため手で外せないので、一度雷管を挿入する台座にセットして、ハンドルを押し下げて工具を抜く。薬莢の口の整形に電動やすりを使う場合は、薬莢の口をきれいな円形に開く。口が開きすぎると後で器具が使いづらくなるので要注意。

空薬莢の整形が終わったら、チェッカーの穴に通してロンデルの大きさを確認する。12番であれば「12GA」と書かれた穴に通し、ロンデルがリムまで通過することを確認する。雷管には火薬の入った面と金属面があ

るので、火薬面を上にして雷管を薬莢に取り付ける。このときプライマーポケットがスカスカの場合は、衝撃で変形しているため薬莢は廃棄する。雷管を台座にセットしてハンドルを押し下げて取り付けたら、一度表面を触ってみて浮きをチェックする。この時点で雷管に隙間があって外れやすそうなら、接着剤などで固めてしまおう。

火薬の量はハンドブックにある規定量を守って計測し、こぼさないように薬莢に注ぎ込んで表面を均一にならす。散弾の場合、リローディングツールに付属する個別のボトル内に火薬・装弾を入れ、それぞれの規定量をセットした状態で、火薬の挿入、ワッズカップの圧着、装弾の挿入、クリンプ成形作業を一括して行うことができるが、命中精度が重要なスラッグ・サボット弾頭は、火薬の装填は1グレイン（0.06g）単位で大きな違いを生むので、あまりおすすめできない。

「ツールで一括製造も可能ですが、スラッグ・サボット弾は火薬を電子はかりで計量

① 外観が良好な状態の空薬莢を所定の台座に固定

② ハンドルを下げて使用済みの雷管を排出

③ 成形されたロンデルは手で外すことができない

④ 薬莢の口は電動やすりで成形

⑤ チェッカーの穴に通してロンデルの大きさを確認

⑥ 雷管を薬莢に取り付ける

⑦ 台座にセットしてハンドルを押し下げると雷管が取り付けられる

⑧ 火薬の量を計測する

⑨ 計量したらこぼさないように火薬を薬莢に注ぎ込む

⑩ スラッグ・サボットの弾頭はガスシール、ワッズ、弾頭の順番でセット

⑪ リローディングキットの台座に薬莢をセットしたら、力を込めてハンドルを押し下げる

⑫ 薬莢の口を閉じる作業に手動の工具を使うときは、台にしっかりセットしてから行う

して挿入したほうがいいです。また、弾頭はツールで圧着すると先端が傷つくため、私はガスシールを圧着後に弾頭を手で挿入することもあります」（近藤さん）

　スラッグ・サボット弾は、薬莢の口をロールクリンプで閉じる。手動の工具を使う場合は台にしっかりとセットし、片手で器具を固定しながらハンドルを回す。近藤さんの話では、スラッグ弾ならスタークリンプでも問題はないという。

　「海外の情報によると、スタークリンプのスラッグ弾のほうが初速、圧力がいい反面、命中率は若干落ちると言われていますが、それほど大きな差はありません。リローディングキットしか持っていないという人の中には、スタークリンプでスラッグ弾をつくる人もいます。ただし、ロールクリンプは弾頭にグリスを塗ることができるので、後からの銃身の掃除が楽になります」（近藤さん）

# 34

# ライフル銃のライフル実包 ハンドロードの方法と 必要な道具は?

**ANSWER**

## ダイスを使って整形する点が 散弾実包のハンドロードと大きく違う

ライフル弾のハンドロードは日本国内でも行う人が多いため、人によってやり方も様々である。ここでは器具の一例を紹介するが、世の中にはより専門的な工具があることも覚えておいてほしい。

**リサイジングオイル**

全面が真鍮でできているライフル薬莢は、整形時にかける圧力で熱を持ってしまい、工具に張り付いてしまう。この張り付きを防ぐために、専用のオイルが使用される。

**ケースタンブラー**

使用済みの薬莢は煤が付いたりするので、リサイクルする際には洗浄する必要がある。このケースタンブラーは、クルミ殻などを入れて使用済み薬莢と一緒にかき回し、表面の汚れを落とす作業に使われる。狩猟者によっては、手磨きだけで汚れを落とす人や、眼鏡洗浄用に使う高周波洗浄機を使う人などもいる。

**プライミングツール**

使用済みの雷管を取り出したり、新しい物を装着したりする作業に使用される。ライフル薬莢の整形プレス機にもプライミングツールの機能があるのだが、専用品を使ったほうが作業は間違いなくはかどる。

## 面取りカッター

薬莢口のバリを取り除くための工具。ライフル薬莢の口の仕上げは精度に大きく影響を及ぼすため、念入りにバリ取りを行う必要がある。

## ロックチャッカー

圧力をかけて薬莢を整形したり、クリンプをつくるのに用いる工具。ハンドルを押し下げると台座が上がり、セットした薬莢がダイスに圧着する。

## ダイス

ダイスには大きく分けると、薬莢を整形するリサイズダイスと、弾頭を圧着するシーティングダイスがある。他にもダイスには複数の種類があり、整形と雷管抜きを同時に行うフルレングスダイや、ネックだけを整形するネックサイザーダイなどがある。

## パウダーメジャー

ケースに入れた火薬を、定量分だけ取り出すための器具。注ぎ口に薬莢口を押し当ててレバーを引くと、火薬が注ぎ込まれる。出てくる火薬に多少のばらつきがあるので再計量が必要だが、数多くのライフル実包をハンドロードする場合は、かなりの時間短縮につながるという。

## パウダートリックラー

ライフル用の火薬は、種類によっては細かく取り出せないことがあるため、パウダートリックラーと呼ばれる器具が使われることもある（写真右側のもの）。ノブを回すと微量の火薬が反対側から一粒ずつ落ちてくるので、火薬を微調整することができる。

## 電子はかり

火薬の量を計測する器具で、散弾実包をリローディングしたものと大差はない。パウダーパンでは狭いライフル薬莢口に火薬を注ぐのが難しいので、薬莢口に合ったファンネル（漏斗）が使われることも多い。

## ノギス

ライフル実包では、薬莢に装塡された状態における弾頭の先端と、ライフリングまでの距離が精度に大きな影響を与える。そのためハンドロード後は薬莢の長さを測り、弾頭の出方が規定の長さに収まっているかの確認が必要になる。

# 35

## ライフル銃の装弾 ハンドロードするときの ポイントが知りたい

ANSWER

〝沼〟にはまることなく シンプルな考え方でハンドロードする

ライフル装弾のハンドロードには専用品を多数使用するし、その方法は薬莢によって異なる点も多い。つまり、それだけ奥が深く、専門書が山のようにある分野といえる。しかし、細かな話を挙げればキリがない。ここでは「細かなことにそれほどこだわらなくて、ハンドロードは十分できます」と話す専業猟師の東さんに、初心者でも行える「実用的なハンドロード」の方法を教えてもらった。

「最初に使用済み薬莢の表面と口に、焼き付き防止用のワックスを塗り込みます。表面には指でまんべんなく塗り込み、口には綿棒を使うとしっかり塗れます」

次に、プレス機に薬莢を成形するためのリサイズダイを取り付ける。東さんは243ウィンチェスターと呼ばれる薬莢を使っているので、ダイも薬莢に合った専用品を使用しているそうだ。ダイにはいろいろな種類があるが、東さんは薬莢全体を整形して、薬莢もあわせて取り外す「フルレングスダイ」を使っている。

「ボルト式の場合、ネックサイザーダイを使ったほうが薬室に薬莢がピッタリと収まるようになるため、精度が出るという意見もあるようですが、反対意見も多く真偽は定かではありません」

そしてダイスと合わせて、プレス機にシェルホルダーを装着する。これも薬莢に合ったものを選ぶ必要があるため、東さんは243ウィンチェスター用の専用ホルダーを使用している。プレス機をプレスすると薬莢が整形され、同時に古い雷管が取り除かれる。雷管が外れたプライマーポケットは綿棒で煤を取り除き、変形がないかもチェックする。プライミングツールの皿には、ハンドロードしたい数の雷管をあらかじめ入れておく。このとき薬莢の火薬面が、すべて上を向いていることを確認する。

ホルダーに雷管を差し込んでハンドルを握ると、新しい雷管が薬莢にセットされる。「このとき使うホルダーは、この前にプレスしたものと同じだが、付け替える手間を省くために同じものを2つ用意しておくと

いいでしょう」と東さんはアドバイスする。

## 瓶から火薬を取り出す道具は コーヒー用のプラスチックマドラー

　続いて火薬の計量を行う。東さんは電子タイプではなく、アナログの計量器(リローディングパウダースケール)を使っていて、あらかじめ設定していた重さになったら天秤が「0」の位置を差すようにできている。見た目は古いが非常に精密につくりになっていて、誤差はほとんど出ない。「逆に精密すぎるので、ちょっとした風でもユラユラ揺れてしまうため部屋の換気ができません。夏場は部屋の中が地獄のような暑さになります」と笑う。

　東さんはパウダーメジャーを持っている

が、普段は火薬を瓶から直接取り出すという。このとき使用するのは、専用品ではなく一般的なスプーンだ。なかでも東さんがお気に入りの黒いスプーンは、もともとコーヒーについていたプラスチック製のマドラーだったという。ファンネルを使って火薬を薬莢に注いだら、プレスのダイスをシーターダイに変更して薬莢をホルダーにセットする。薬莢の口に弾頭を当てがい、ハンドルを下ろして薬莢を圧着させる。

　ライフル装弾のハンドロードは、ダイスひとつにも様々な選択があり、人によって考え方もまるで違う。ハンドロードの世界が〝沼〟と称されるのは、突き詰めて考えれば考えるほど、答えが見えなくなるからなのかもしれない。

焼き付き防止用のワックス

薬莢を整形するためのリサイズダイ

243ウィンチェスター用の専用ホルダー

ダイスの下端とシェルホルダーが接触するようにセットする

新しい雷管を薬莢にセットする

アナログだが精密な計量器

いちばん下のコーヒー用のマドラースプーンが東さんのお気に入り

弾頭を薬莢にゆっくりと押し当てて圧着させる

ハンドロードによって完成したライフル装弾

# 36

## ハンドロードの危険性や
## 事故事例はあるの?
## 注意点が知りたい

ANSWER
## 特に火薬の入れ忘れによる停弾が怖い
## 装弾や火薬の変質を防ぐ管理も重要

猟銃による事故の大半は射手の過失が原因だが、中には「不良装弾」によって発生する事故もある。不良装弾はファクトリーロードでは滅多に発生しないが、ハンドロードの場合はちょっとしたミスで生まれる可能性がある。たとえば、ハンドロードでは「酒気を帯びた状態や疲労状態では行わない」というのは当然のことであり、ハンドロードの作業に関連して起こる事故は、すべて自己責任だということを改めて心得ておく必要がある。

では、ハンドロードによって起こる事故には、どのような事象があるのだろうか。近藤さんは次のように回答する。

「火薬を規定量の2倍入れてしまう、ダブルチャージというミスが多いです。一度火薬を詰めた薬莢に再び火薬を詰めてしまうというミスなのですが、規定量の2倍も多くの火薬を詰めると、当然ですが銃身内が異常な高圧状態になります。ダブルチャージを防ぐためには、火薬を詰めた薬莢とまだ詰めていない薬莢を置くスペース、配置

するケースを明確に分けることを徹底してください」

ダブルチャージを防ぐために、ハンドロードする際は装弾を一発ずつ一連の作業で行うという人もいるという。作業をまとめて行うという人は、それぞれに専用のケースを用意して、薬莢が混じらないようにはっきりと分けるようにしよう。

「火薬の量が少なかったり、入れ忘れたりするというミスも多いですね。火薬量不足や雷管しか入っていない装弾は、弾を加速させる推進力が不足するため、弾頭が銃身内に詰まってしまいます。これに気づかずに次弾を発射すると、銃身内で弾同士がぶつかって銃身が壊れることになります。こうした停弾はライフル銃でよく耳にしますが、平滑銃身のスラッグ弾でも十分起こり得ます。たまに勘違いしている初心者の人がいますが、スラッグ弾は銃口よりも少し大きめにできているので、銃身内をギュウギュウに押し込まれた状態で滑っていきます。もし推進力が足りないと、ライフル弾

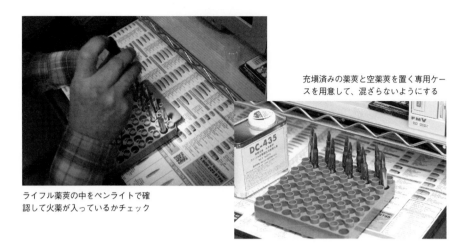

充填済みの薬莢と空薬莢を置く専用ケースを用意して、混ざらないようにする

ライフル薬莢の中をペンライトで確認して火薬が入っているかチェック

のように停弾が起こるわけです」

　火薬の入れ忘れを防ぐためには、空薬莢と火薬充填済み薬莢の置き場所を明確に分けるだけでなく、弾頭を圧着する段階で、薬莢内に火薬が入っているかどうかチェックすることも重要だ。特にライフル薬莢の中は暗くて視認性が悪いので、ペンライトで照らして中身を確認するようにしよう。

## 薬室付近で発生した破壊で指を切断する事故も起こっている

　火薬以外でのハンドロードの危険性として考えられるのが、「弾頭を深く差し込みすぎること」だと話すのは東さんだ。

「ライフル銃のハンドロードでは、弾頭が深く差し込まれすぎていることで、銃身内が異常高圧になることがあります。さらに雷管の圧着やプライマーポケットが広がっていたり、薬莢が割れているといった原因でも、薬室が破壊する事故が起きます」

　銃身内部で停弾すると、最も強度の低い銃身部分がまず裂けるため、機関部や薬室が破壊されることはほとんどない。しかし、薬室で発生した異常高圧では、銃を支えている先台とそこに近い部分が破裂するため、噴き出した燃焼ガスで手を火傷したり、破片で指を切断するといった大事故につながりかねない。

　一方、散弾実包の場合、スラッグ弾をハンドロードする際に火薬量を少なくしすぎて、停弾を発生させる事故の話をたびたび聞くと近藤さんは言う。

「また、鉛弾以外をハンドロードする場合は、その素材に合った散弾薬莢、ワッズ、火薬を使わないと危険があると言われています。特にソフトスチール弾は時間が経つと錆びて団子状になるため、銃身破壊につながるケースがあるようです」

　日本における非鉛弾のハンドロード情報は、残念ながら銅弾を除いてほとんどない。しかし、鉛弾同様、火薬や雷管は湿度が高いと水分を吸着して不燃になる場合もあるので、まずは保管時の防湿にしっかりと気を配る必要があるということだ。

# 37

# 価格の高騰や材料不足で
# ハンドロードの必要性は
# 今後増してくる?

ANSWER

## コストの面でのメリットだけでなく
## 銃と装弾の相性を知るうえでも有効

ハンドロードは、銃を使用するうえで必須というものではない。事実、世の大半の狩猟者はファクトリーロードの装弾で狩猟を行っているし、ハンドロードに必要な用具をそろえる初期投資や手間を考えれば、むしろ割高になるという意見もある。さらにハンドロードには、実包管理帳簿に加え、雷管や火薬の残量を管理する猟銃用火薬管理帳簿の作成も必要なので、管理にもそれなりの手間がかかる。

「近年の装弾業界は過去に例のない深刻な状況に陥っていて、装弾の品不足が進んでいます。これまでも特定の商品が在庫不足になるという状況はありましたが、現在は装弾全般の入荷が遅れています。この原因が新型コロナウイルスによる海運事情の混乱や、円安など為替の問題ならばいずれ回復するとは思います。しかし、現状は世界的な需要の増加や資源不足といった問題も絡んでいるようなので、今後どうなっていくのかはまったく予測できません」と内藤さんは業界の裏事情を話してくれた。

日本で流通している装弾は、標的射撃用の一部の装弾を除けば、そのほとんどが輸入品である。国内生産品であっても、火薬類や薬莢の原料などは輸入に頼っており、完全に国産原料で賄える装弾は皆無と言ってもいい。つまり、国際情勢や輸入元となる国の経済状況、日本との経済格差(インフレ格差)といった要因によって、装弾の価格が高騰するのは避けられない問題になっているのだ。

2022年末現在、装弾の価格は数年前に比べて1発あたり1000円以上高騰しているものもあり、今後、高騰する装弾の数は増えていきそうな気配が濃厚だ。この問題を楽観的に予想する人もいるが、47年間銃砲火薬店を続けてきた内藤さんは「昭和50年代以降、銃砲業界は長く右肩下がりが続いています」と話す。

装弾の価格が高騰すると、当然だがその材料である火薬類やワッズ、薬莢などの値段も上がる。結果的に、コスト面ではファクトリーロードとハンドロードのコスト差

自分でハンドロードした弾を試射する近藤さん

近藤さんがハンドロードしたサボット弾（クリンプ前）

は、それほど大きくならない。

「本当の問題は価格の高騰ではなく、供給が停止することです。スラッグ弾、特にサボット弾はもともと流通量が少ないため、欲しくても手に入らない状況が続いています。ライフル用の銅弾は流通量自体は多いほうでしたが、北海道の需要に持って行かれてその他の地域ではまったく手に入りません。このように欠品が続くと、代替品を使う必要性が出てきますが、慣れない装弾で射撃を行うのは非常に危険です。おまけに鉛弾規制の問題も加わってくるわけですから、狩猟者を取り巻く環境はより深刻な状況になると予想されます」（近藤さん）

## ハンドロードの技術を身につけるメリットは大きい

これまで述べてきたように、銃には装弾との相性があり、特にライフリングを持つ銃ではその影響が大きい。仮に、いま使用している〝相性のいい装弾〟の供給がストップした場合、ほかの弾で射撃をしてもどのような精度が出るかは使ってみるまでわからないということになる。

「狙ったところに弾が飛んでいかなければ、それは銃ではなくただの〝凶器〟です。銃という道具のアイデンティティは、〝精密性〟にあるわけですから、どのような精度で飛ぶかわからない装弾を使うのは非常に危険な行為です」と佐藤さんは言う。

「日本ではハンドロードのメリットはコスト面だけでしか語られませんが、本当のメリットは、自分の持っている銃がどのような装弾と相性がよいのか細かく知ることができる点にあります。ファクトリーロード弾しか使ったことがなければ、弾の相性はメーカーと商品名でしか判断できませんが、ハンドロードを経験していれば具体的な火薬量や装弾量、弾頭重量などで知ることができます。自分の銃のことを詳しく知っていれば、ファクトリーロード弾の供給停止や鉛弾規制といった事態に直面しても、精度の高い射撃を続けることが可能です」と近藤さんは話す。もちろん、銃と装弾との相性は1発で見抜くことは難しいが、弾頭重量や火薬の種類や量など様々なパラメーターを調整することができる点も、ハンドロードのメリットなのである。

# 空気銃のペレット
# 重さや形状はどう違う？
# どう選べばいい？

ANSWER

## ハイパワーの空気銃では
## ラウンドノーズのディアボロ型が人気

空気銃のペレットは装薬銃の装弾とは異なり、銃本体に弾頭の推進に必要な空気圧とガス圧が溜め込まれる。そのため、装弾のような広い選択幅はない。

「プレチャージ式空気銃なら、ラウンドノーズのディアボロ型ペレットを使っていれば間違いはないでしょう」と話すのは佐藤さんだ。「ラウンドノーズ」とは、先端が半円球形をしたタイプのペレットを指す。Q22で触れたように、弾頭の形状は射出される速度によって変わり、秒速270mほどで飛ぶハイパワー空気銃では、先端が丸いほうが航空力学上安定することが知られている。逆にライフル弾のように尖った形状の「ピアッシング」という弾頭は、精度を大きく狂わせてしまう可能性があるので、注意が必要だという。

「ディアボロ型」というのは、ペレットの下部が中空のスカート形をしているものを指す。これは推進力となる空気圧とガス圧を、スカートで受けやすくするための形状だ。頭（先端）が重いので、バドミントン

のシャトルコックのように頭を前方に向けて安定した姿勢で滑空する。ラウンドノーズのディアボロ型ペレットがハイパワープレチャージ式空気銃の最適解と言われるのは、こうした理由からだ。銃メーカーもこのタイプのペレットで精度が出るように銃を設計しているので、初めてのペレット選びで迷ったら、とりあえずこのタイプを選べば間違いはない。

佐藤さんの意見では、ラウンドノーズ型以外の、たとえばホローポイント型ペレットなどは、鳥猟においてそれほど大きなメリットはないという。

「あえて精密性を犠牲にしてダメージを上げるホローポイント型は、あまりおすすめしません。ハイパワー空気銃ならラウンドノーズ型でも獲物を仕留め切るパワーがあるので、精密に獲物のバイタルを狙ったほうが捕獲率は高いでしょう」（佐藤さん）

ペレットの先端形状について、岡部さんは次のような意見を持つ。

「ピアッシング弾や先端にメタルが付いた

ペレットには様々な弾頭形状がある

一般的なラウンドノーズのディアボロ型ペレット

チップ弾を、罠の止め刺しで使う人がいます。一般的な鳥猟ではペレットが貫通しないほうが望ましいのですが、罠の止め刺しではシカやイノシシの頭蓋骨を貫通させる必要があります。罠の止め刺しはせいぜい20mほどの距離なので、こうした限定的な用途ならラウンドノーズ以外の選択肢もあると思います」

## 古い型式のペレットを 最新の銃で撃っても精度が出ない

　ディアボロ型では、精密性の賛否が分かれるエアスラッグも最近は使われている。
「スラッグペレットは、一般的なペレット（16〜22グレイン）よりも重い（27グレイン）ため、『高い気圧を使わなければならない』と思われがちですが、必ずしもそうではありません。重い弾は銃身内の移動が遅いので、低圧でゆっくりと加速させたほうが精度は出る場合もあります。しかし、ライフリングとの相性などもあるため、試射を繰り返して精度が高い気圧帯は自分で調べるしかありません」（岡部さん）
　Q28で解説したように、ライフリングはツイスト比やライフリングの深さなどの

パラメーターで、最適な弾頭の重さが異なる。一般的なペレットを撃つ銃身では、精度が出ない可能性が高いということだ。
　もうひとつ、古い型式のペレットは最近の空気銃には使えないので、注意が必要だと佐藤さんは指摘する。
「現在のペレットは表面が金属皮膜でコーティングされていますが、古い型式のペレットは剥き出しの鉛だったりします。こうした古いペレットをハイパワープレチャージ式の銃で撃つと、たとえ弾頭重量や形状が同じでも精度がまったく出ません。同様に最新のペレットを古い型式のマルチストローク式やガス式などの銃で撃っても、やはり精度は出ませんが」
　空気銃のペレットはライフル装弾やスラッグ・サボット装弾と同じように、各パラメーターを変えて繰り返し試射を行い、相性を調べていく必要がある。複数種類のペレットをひとりで購入するのはコストがかかるので、数人で購入してシェアするのも手だ。また、「サンプラー」と呼ばれる少量複数種類のペレットのセットなども販売されているので、これを試してみるのもいいかもしれない。

# 39

## 猟銃用火薬類の消費期限と
## 余った場合の処理の方法は？

### 消費方法・期限は許可の種類で異なる
### 家庭ゴミでの廃棄は厳禁

　猟銃を使った狩猟では、「銃刀法」だけでなく「火薬類取締法（以下、火取法）」についても理解しておかなければならない。猟銃用火薬類に関して火取法で該当する項目は右表のとおりだが、わかりにくいのが「譲渡と廃棄」についてだろう。まず猟銃用火薬類の譲渡について説明する前に、所轄警察署からの銃所持許可には、狩猟用、標的射撃用、有害鳥獣駆除用の3つの用途があることを確認しておこう。

　標的射撃用で下りた許可では、7.5号や9号のクレー射撃、スラッグ弾などの静的射撃に使用できる装弾のみしか購入できず、この許可で購入された装弾は、狩猟や有害鳥獣駆除では使用することはできない。許可証の有効期限は1年以内となっており、購入できる個数は「おおむね実包又は空包の合計5000個以下」となる。ただし、許可が下りる個数はその人の使用実績などによって異なり、初心者には800発程度しか許可が下りないのが一般的のようだ。

　この許可で下りた火薬類の保管期限は特

に設けられていないが、標的射撃は狩猟とは違い消費する量があらかじめわかるため、あまり長期間の在庫があると、所轄の警察から注意を受ける場合がある。

　狩猟用途で許可が下りた許可証では、どんな装弾でも購入できるが、「所持許可証に記載のある銃と適合しない装弾（たとえば12番散弾銃に対して20番装弾）」は購入できない。許可申請には当年度の狩猟者登録証の提示が必要なので、登録証が下りる10月ごろ以降しか購入できない。

　狩猟用途の許可証として、大日本猟友会の支部が交付事務を行う無許可譲受票がある。これがあれば所轄で譲受票を申請しなくても狩猟用途の装弾は購入できるが、猟友会に所属していなければ、所轄で譲受許可をもらうしかないと内藤さんは言う。
　「猟友会会員でなくても譲受許可はもらえるはずですが、申請が煩雑です。警察署長が無許可譲受を出せる制度もありますが、それだと許可譲受と大差がありません」
　なお、狩猟用途で下りた装弾は、「狩猟

の練習」という解釈でクレー射撃でも使用できる。保管期限は実質2年間保管できる。有害鳥獣駆除用途での申請は狩猟用途とほぼ同じだが、保管期限は定められていない。しかし、経済産業省の通達によると「有害鳥獣の許可証満了から3カ月以内に適切に処理」するよう求められている。

## 残った火薬は猟期後や猟期前の射撃練習会で消費する

保管期限が切れた火薬類は、「遅滞なく譲渡又は廃棄の手続きをしなければならない」とされているが、現実にはどうか。「猟期終わりに都道府県猟友会が開催する残弾処理や、猟期前に行われる練習射撃会に参加して残火薬を消費するといいでしょう。ただし、使える装弾が7.5号以下というクレー射撃場も多いので、カモ猟用の3号や5号などは使用できないことも。狩猟用散弾で余りが出たら、銃砲火薬店に処分を依頼する必要があります」（内藤さん）

弾の処分費は1発100円ほどかかるので、自宅に800発の装弾を保管した状態で銃の許可が取消されると、処分費に8万円近くかかることになる。装弾を自宅で保管する場合は、猟期前に出猟計画を立てて必要最小限の購入にとどめておくようにしよう。「過去に何度もゴミ処理場で実包が見つかって大問題になっています。故意なのかどうかは不明ですが、こうした違反は狩猟と銃砲業界のさらなる規制につながります。銃を持つ際は必ず火取法を理解し、遵法意識を持って行動するようにお願いしたい」と、内藤さんは警鐘を鳴らす。

## 火薬類取締法に関する主な規定

**譲渡・譲受**／実包（空包も含む）、雷管、火薬の譲渡または譲受には、所轄の警察署から発行される猟銃用火薬類譲受（譲渡）許可証が必要になる。狩猟や有害鳥獣駆除（指定管理鳥獣捕獲等事業は除く）の場合は、都道府県猟友会から交付される無許可譲受票で、散弾実包は300個、雷管300個、火薬類600g（ライフル弾の場合は実包、銃用雷管は50個以下とし、散弾銃用と合計して300個以内）が譲受できる。

**保管**／一般的に火薬類の保管は火薬庫が必要になるが、実包と空包の合計800個、雷管2000個、火薬5kg以下であれば、自宅の安全な場所に堅固な設備（装弾ロッカーなど）を備え付ければ保管することができる。

**無許可製造**／実包又は空包の合計100個以下であればハンドロードができる

**消費**／狩猟の場合は1日に101発、標的射撃の場合は1日に401発以上の実包（空包含む）を消費する場合、公安委員会から猟銃用火薬類等消費許可を受けなければならない。

**残火薬の措置**／狩猟者登録証の有効期限が満了したさいに残された火薬類は、満了の日から1年間所持できる。1年を経過したときは遅滞なく譲渡又は廃棄の手続きをしなければならない。

**運搬**／火薬類を持って公共交通機関を使う場合、各交通機関の運行規定（鉄道運輸規定、旅客自動車運送事業運輸規定など）に定められた条件を守らなければならない。
列車：実包と空包の合計200個以内、無煙火薬類等の合計1kg以内（容器等を含む）、銃用雷管400個以内
バス：実包と空包の合計50個以内
船舶：実包と空包の合計200個以内、銃用装弾400個以内、無煙火薬類等の合計1kgまで
飛行機：猟銃用火薬類5kg以内（手荷物不可）、それ以上の場合は別に規制あり
郵便：郵便による火薬類の輸送は全面禁止
これら規定は会社によっても違うので、あらかじめ確認が必要。

**その他**／火薬類は18歳未満の者に扱わせてはならない

# 40

## 猟銃用火薬類の管理
## 購入数や消費数、保管残数など
## どう帳簿をつける？

ANSWER

### ライフル・散弾ごとに残数を管理
### 所轄によって指示が違う場合も多い

2007年に佐世保で起こった「ルネサンス佐世保銃乱射事件」は、世間に大きな衝撃を与えた出来事だった。この事件は猟銃を用いた凶悪犯罪というだけでなく、容疑者が自宅に約2700発もの実包を保管していたことでも大きな注目を集めた。これは個人での保管が許される実弾数800発の3倍以上の量である。この事件がきっかけで2009年12月に施行されたのが、「実包管理帳簿・猟銃用火薬類管理帳簿」の作成義務だ。

実包管理帳簿では、弾の購入・製造（ハンドロード）・消費・処分の出納を記録することになっている。しかし、その様式には指定がなく、初心者にはどのように帳簿をつければいいのかが、なかなかわかりにくい。そこで、管理帳簿のつけ方を内藤さんに聞いた。

「最も簡単なのが、猟友会に所属した年に配布される会員手帳の実包管理表を利用することです。この管理表には装弾を使用した場所、狩猟であれば捕獲した鳥獣名、捕獲数、装弾の購入数、消費量、残量を記録する項目があります。非常にシンプルな構成なので使用している人も多く、所轄の生活安全課の担当官に注意を受けることもないはずです。もし猟友会に所属していないのなら、射撃場で販売されている実包管理帳簿を使うという手もあります。ノート形式になっているので、初めての人でも書きやすいと思います」

実包管理帳簿はExcelなどの表計算ソフトで電子上での保管も可能だ。最近の表計算ソフトはクラウドに対応しているので、スマートフォンなら管理も容易で、所轄で提示を求められたら画面を見せればいい。

法律上は装弾の種類ごとに残量を記載しなければならないが、その弾が「3号なのかスラッグなのか」といった細かい点までは記載する義務はないという。とはいえ、何用の装弾をどれだけ持っているのかは狩猟者であれば把握しておくべきこと。右ページの帳簿の例を参考に、備考欄にこれらの情報も記載しておきたい。

## 実包等管理帳簿への記載例

| 月日 | 許可種類 | 摘要 | 散弾 適合番仕（12） | | | ライフル 適合実包（270Win） | | | 備考 |
|---|---|---|---|---|---|---|---|---|---|
| | | | 受 | 払 | 残 | 受 | 払 | 残 | |
| | | 前葉繰越 | | | 0 | | | 0 | |
| 10/5 | 許可 | 緑石銃砲火薬店 | 125 | | 125 | 15 | | 15 | 7.5号(100), 3号(25) |
| 11/1 | | 長野県営射撃場 | | 100 | 25 | | 10 | 5 | 3号(25) |
| 11/15 | | 緑石地区狩猟 | | 12 | 13 | | | | 3号(13) |
| 11/22 | 無許可 | 緑石銃砲火薬店 | 50 | | 63 | | | | 3号(38), BB(25) |
| 12/10 | | 琥珀地区狩猟 | | | | | 5 | 0 | |
| 12/20 | | ハンドロード | | | | 10 | | 10 | |
| ⋮ | | | | | | | | | |
| 3/1 | | 長野県営射撃場 | | 82 | 0 | | 10 | 0 | |

実包を購入、譲渡した火薬店など。射撃を行った猟場の地区。射撃を行った射撃場、等を明記する。ハンドロードを行った場合は火薬・雷管の帳簿も作成すること

譲受け（購入、製造、譲渡される）を記載。所持している銃の口径別に記載。例えば、12番と20番の散弾銃所持している場合は分けて記載する

散弾銃の弾のサイズの内訳。同口径の銃を複数持っている場合は使用した銃の種類。その他、公安委員会から指摘された事項を記入する

## 実包管理帳簿への記載内容には不文法な部分も少なくない

実包管理帳簿の作成方法は法律上に明確な取り決めがないため、比較的自由に作成できる。しかし、明確な決まりがないがために、担当官によっては的外れな指示が飛ぶことも多いと内藤さんは話す。

「過去にとある所轄から『狩猟に持ち出した実包の数と、持ち帰った数も記載するように』という指示が出されたことがあります。しかし、法律上は狩猟者にそこまで詳しく管理帳簿をつける義務はありません」

銃砲店を営む佐藤さんも、同様の経験をしているという。

「お客様から『所轄で空気銃のペレットの数も帳簿に載せるよう指示が出たがどう管理すればいいのか』と問い合わせを受けました。空気銃のペレットはただの鉛で火薬ではないので、帳簿をつける義務はありません。このときはその所轄に連絡をして、指示を取り下げてもらいましたが、こうした担当官による指示の違いは、決して〝嫌がらせ〟ではありません。日本の警察署では5年ごとに担当部署の異動があるため、慣れない担当官が間違った解釈で指示を出すこともあります。こういうときは私たちから担当官に教えてあげるという行動も、必要になってくると思います」

この事例で誰かひとりでも馬鹿正直に帳簿をつけたとすると、その行動が〝前例〟となって他の狩猟者へも間違った指示が飛ぶ可能性も否定できない。しかも、担当官が異動した先の所轄でも、その前例が適用されてしまう可能性もある。「やらなくてもいいことは、やらないほうがいい」という佐藤さんの意見に同意する人は少なくないはずだ。

実包管理帳簿に限らず、狩猟業界では法律の〝あいまい〟な表記によって発生する〝不文法〟な部分が多くある。これについては公安委員会や各団体の意見に従うのが基本ではあるが、だからといってすべてに盲従する必要はない。遵法精神を保ちながら、狩猟者にとって不利になる要求にはプライドを持って反対することも必要だ。

CHAPTER
3

# 「射撃」の疑問

# 41

## 射撃スタイルの基本
## 動的射撃と静的射撃の
## 違いを教えて

> 偏差射撃が必要になる動的射撃
> 銃の保持が重要になる静的射撃

　1章、2章と続けて銃の話をしてきたが、銃は狩猟の〝道具〟であって、銃があるから獲物が獲れるわけではない。たとえどんなに精密な銃でも、それを扱う人の腕が未熟であれば猟果にはつながらない。逆に言えば、どのような銃であっても、その人がその銃に合った射撃スタイルを確立することができれば、獲物を獲ることは不可能ではない。この3章では「射撃の技術」について解説していくが、射撃は射手によって当然のように〝最適解〟が変わってくるので、1・2章以上に意見の相違や例外的な見解があることを最初にお断りしておく。

　編集サイドとしても、ひとりの回答者の意見を絶対的なものと捉えるのではなく、なるべく複数の回答者の意見を拾い上げたつもりなので、それらをフラットな目線で参考にして、自分に合った射撃のスタイルを身につけていって欲しい。

　射撃の技術における基本的な話として、まずは「動的射撃」と「静的射撃」という2つの射撃スタイルについて考察する。

　まず動的射撃とは〝動いている標的〟を狙う射撃方法で、空を飛ぶクレーや鳥、走るイノシシやシカなどを捕獲するときに必要な射撃スタイルだ。動的射撃で理解しておかなければならないのが、「偏差射撃（見越し射撃またはリード射撃ともいう）」という考え方だ。

　たとえば、自分が向いている方向に対して秒速20mの速さで真横に飛ぶ鳥を、40mの距離から秒速400mの弾を発射したとする。このとき発射した弾は40m先に0.1秒後に到達するわけだが、0.1秒後にはカモは進行方向へ2m進んでいることになる。カモの全長はせいぜい0.5m程度なので、弾はカモの尾羽をかすめることなく外れてしまう。このカモに弾を命中させるためには、40mに対して2m進むわけだから、逆三角関数の計算で「2.9° カモの進行方向」に照準をズラして弾を撃ち出さなければならない。照準をつけながら計算をするわけにはいかないため、実際は感覚的に「カモの体3つ分あたり先」を狙って引き金を引

両ひざで銃身のブレを抑える座射も静的射撃のひとつだ

上半身を回転させて動く標的を狙う動的射撃

くことになる。

　偏差射撃でもうひとつ重要となるのは、標的の速度と距離によって狙う位置が変わることだ。標的がより遠い場所にいれば弾の到達時間が長くなるため、標的の先を撃つ距離も長くなる。また、標的の速度が速いほど弾が到達する時間までに標的が動く距離が長くなるので、この場合も標的の先を撃つ距離が長くなる。

　この偏差射撃があるため、動的射撃を行う銃は、大量のペレットをバラまく散弾銃が効果的といえる。とはいえ、あまりペレットの広がりが大きすぎると獲物を仕留め切れない可能性が高くなるので、実際の狩猟では獲物と対峙する距離をある程度予測しておき、チョークを使い分けて集弾性と拡散性の兼ね合いを考える必要が出てくる。

## 射撃の基本を理解して
## 自分の射撃スタイルを確立する

　静的射撃とは〝止まっている標的〟を狙う射撃スタイルで、たとえば遠くにたたずむシカや、ヤブの中に潜むキジを撃つ際に欠かせない射撃スタイルだ。静的射撃では標的は止まっているため、動的射撃のように偏差を意識する必要はない。しかし、動的射撃が50m程度を射程距離とするのに対して、静的射撃では100m以上の長距離を狙わなければならない。そのため、静的射撃では弾頭の距離による落下（ドロップ）と、風による弾頭の漂流（ドリフト）を意識して射撃を行う必要が出てくる。

　さらに長距離を狙う静的射撃では、照準が少しブレただけでも遠方での着弾点は大きくズレる。そのため静的射撃では、体のブレを抑える銃の構え方や引き金の引き方、反動に対する体の反射（フリンチング）といった要素を考えなければならない。射撃に用いられる銃は、精密な射撃を行うために生み出されたライフル銃やハーフライフル銃が使用されることになる。

　実際の狩猟では、動的射撃か静的射撃か区別をつけずに射撃をすることも多い。動的射撃を行うカモ猟にスコープを用いる人もいれば、遠距離狙撃を行うシカ猟で動的射撃的な構え方で立射（オフハンド）する人もいる。こうしたスタイルは射撃の基本を理解して初めて可能になるので、まずは少しずつ自分の射撃スタイルを確立していってほしい。

# 42

## 素早く動く獲物やクレーを 散弾銃で撃ち落とす コツやテクニックが知りたい

ANSWER

### 動的射撃の基本は スイング射法とリード射法

動的射撃では偏差射撃が特に重要な要素となるが、動的射撃を行うクレー射撃競技は「スイング射法」と「リード射法」という２つの射撃スタイルに大別できる。

スイング射法とは標的の動きに合わせて照準を銃ごと大きくスイングさせていき、照準が標的を追い抜くタイミングで引き金を引く射撃スタイルだ。かなり〝大雑把〟な撃ち方にも思えるが、照準が標的に合ったタイミングで引き金を引くと、撃鉄が落ちて銃口から弾が飛び出すまでのタイムラグの間に、程よい距離だけ偏差が生まれる。引き金を引くタイミングが〝標的と重なったとき〟とわかりやすく、初心者にとっても習得しやすい射法といえる。

スイング射法で注意すべき点について、大分県在住の猟師広畑美加さんは次のように回答してくれた。

「スイング中に体を止めないことが大切です。スイング射法は照準で標的を追い越しながら引き金を引くのですが、このとき照準が標的でピタリと止まってしまうと、必ず標的の後ろに弾が飛んでいきます。また、標的を眼で追ってしまわないように注意が必要です。特に動的射撃に慣れていない人は、自分が体をスイングさせているつもりでも、目だけで標的を追ってしまいがち。自分は追い越しざまに引き金を引いたつもりでも、実際の銃口はまったく別の方向を向いてしまっていることがあります」

引き金を引く瞬間にスイングを止めずに照準を動かすには、標的だけに集中せずに勢いで引き金を引くことが重要になる。クレー射撃の世界では、しばしば「クレーは狙わずに勢いで撃て！」と言われるが、これは標的の動きに意識がいくことで、体の動きが止まってしまうのを防ぐための格言といえる。誤解されがちだが、決して「闇雲に撃て」と言っているわけではない。

初心者にもわかりやすいスイング射法だが、欠点もある。銃を構えている人間の上半身は左右に大きくスイングさせられるが、上下のスイングは難しい。したがって、頭上を飛んでいく標的や、高台から走る獲物

# 引き金を引くタイミングの違い

## スイング射法

⊗◯：同時間における照星とクレーの位置

引き金を引くタイミング

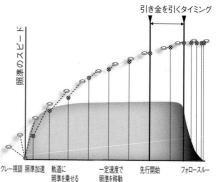

照準のスピード

クレー視認　スイング開始　照準加速　同調　追い越し　フォロースルー

## リード射法

⊗◯：同時間における照星とクレーの位置

引き金を引くタイミング

照準のスピード

クレー視認　照準加速　軌道に照準を乗せる　一定速度で照準を移動　先行開始　フォロースルー

を撃ち下ろすような場面では、スイング射法は難しくなる。そこで左右以外の動きでも狙いやすいのがリード射法だ。

## 獲物のスピードに合わせて銃を動かすリード射法

「スキート射撃ではトラップ射撃のように左右の動きだけでなく、頭の上を飛んでいくような動きも求められます。こういった動きの標的に対しては、照準を標的の先に向けながら、標的のスピードに合わせて銃を動かしていくリード射法が向いています」と岡部さんは話す。リード射法の特徴は、スイング射法が〝加速させる動き〟なのに対して、標的の動きに合わせて〝一定のスピードで動かす〟点にある。照準を見越し距離に置き標的のスピードに合わせて照準を動かしていれば、引き金を引ける時間も長くなる。主に大物猟を専門に行う近藤さんはリード射法について、「自分がどこを狙って、どのタイミングで引き金を引

いたかが記憶に残りやすいため、精密射撃が可能になります。特にランニングターゲットという動く的をスラッグ・サボットで射撃する競技で、このリード射法の技術が重要になります」とその長所を語る。

射法には「タイミング射法※（待ち撃ち）」という撃ち方もあるが、これだけはおすすめしないという意見が多かった。これは標的の進路にあらかじめ照準を合わせておき、見越し距離に入ったタイミングを見計らって引き金を引く射法だ。一度照準を定めたら体を動かさなくてもいいのだが、「標的の動きを見てから照準を構えるため、予想進路を外すと射撃ができなくなります。大物猟では獲物が進路を変えることも多いので、あまり得策といえません」と岡部さんはそのデメリットを説明する。

動的射撃ではスイング射法とリード射法のどちらを習得してもいいが、両者の違いをしっかりと認識して、自分の得意とする射撃スタイルを見つけてほしい。

※タイミング射法は静的射撃で動いている（歩いている）物を撃つ射撃。

# 43

## 動的射撃の構え方で
## 重心の置き方や足の開き方などの
## コツを教えて

ANSWER

## 上半身は肩付けと頬付けを確実に
## 下半身は自分に合ったスタンスで

　動的射撃では、スイング射法とリード射法どちらにおいても〝照準を動かす〟という体の動きが必要になるため、体を振ったときに「視線と照準器の位置関係」が崩れないようにすることが重要だ。それにはまず「肩付け」と「頬付け」という据銃姿勢の基礎を身に着けておく必要があるが、この件について岡部さんは次のように話す。

「まず利き手でグリップを握り、逆の手で先台を握ってください。このときグリップを握る力は卵を持つようにふんわりと、先台を持つ手は肘がねじれないように側面から支えるように握ってください。次にリラックスした状態で先台を握っている手を上げていき、中間照星が目の位置にきたら止めてください。そして、グリップを握っている手を真上に持ちあげていくと、銃床底（バット）が胸と腕の間に、銃床上（チーク）が頬骨の下にピタリと合うはずです。この状態が『肩付け』、『頬付け』で、このふたつが決まると目線の先には、中間照星と照星が一直線になるように見えます」

　岡部さんの話によると、据銃姿勢をとるときは次の2点に注意してほしいという。「まず銃を持ち上げたときの銃身の向きですが、真正面から見て眉間の中心と銃身の向きが一直線になるようにしてください。初心者の多くは『効き目で照星を見る』からと、初めから効き目と銃身が一直線になるように構えようとしますが、それは違います。もしその状態からグリップを引き上げていくと、腕に銃床が乗ってしまい、正しい肩付けができません。2点目はグリップを引き上げる際に、肩に力を入れすぎないようにすることです。仲間内では肩がこわばっている人のことを〝衣紋掛け（ハンガー）〟と呼んでいますが、このような状態では肩付けの位置が上がりすぎてしまうため、正しく照準がつけられません」

　射撃指導員の中には、「肩付けをしたあとに頬付け」と分けて指示する人もいるが、グリップを引き上げる動作1回で、肩付けと頬付けがピタリと決まるように、何度も繰り返し練習して欲しいと岡部さんはアド

パラクレーシューターのクレー射撃の様子

バイスしてくれた。

　なお、頬付けの高さは使用する照準器によって変わってくる。たとえばQ14で触れたように、トラップ銃と呼ばれるタイプの散弾銃はあえて照星を見下ろすように設計されているため、頬付けの位置は高くなる。またスコープ類を装着した場合も、マウントリングの分だけ頬付けの位置は高くなる。銃床が頬骨に密着していないと、頭の振動で照準器の見え方が変わってくるので、チークレストなどを間に噛ませてチークの位置を上げる工夫してみるといい。

## 据銃姿勢を崩さずに腰の回転で照準を大きく動かす

　肩付けと頬付けを保った状態を「据銃姿勢」と呼ぶが、動的射撃ではこの据銃姿勢を崩さないようにしながら、腰の回転を利用して照準を大きく動かしていく。もし動作中に頬付けが外れてしまうと、照準も外れてしまうので正確に射撃することができない。また、肩付けが外れると腕だけで銃を振ってしまうので、こちらも失中の大きな原因となる。岡部さんは「胸から上に砲塔が乗るイメージ」と表現するが、この肩付けと頬付けを完全に固定することが射撃の肝といえる。

　下半身については、「足を開いてどっしりと構える」「利き手側の足を前に出す」「足をレの字に構える」など、回答者からは様々な意見が出たが、こうした考え方の違いついて内藤さんは次のように話す。

　「クレー射撃には『パラクレー』と呼ばれる分野があり、車椅子の人や片足の人、胸から下が麻痺して動かない人などが参加しています。彼らも頬付け、肩付けなどの基本は習っていますが、足の開き方やスタンスの取り方などは人によって全然違います」

　つまり、下半身の使い方には〝個人差〟があってもいいということなのだ。パラクレー競技は難易度だけでなく、クレーの速度やゲームの進行、採点方式なども健常者のクレー射撃と変わらないのだが、パラクレーのシューターは健常者と同レベルの点数を出すというからすごい。

　体を利き手側に約45度開き、足を肩幅に開いて体の重心を中心からやや前傾にする」という教科書的な回答があるにはあるが、狩猟目的という基本に立ち返ってスタンスを考えていく必要があるだろう。

# 44

# 動いている獲物はどう狙う？
# 獲物を外したときの
# リカバリーの方法は？

ANSWER

## 狙い方は場数を踏んで覚えるしかない
## 外した場合は自分の射撃を復習する

　クレー射撃のトラップ競技では、クレーが射手から遠ざかるように飛んでいくため、初矢ではリードする量は小さく、二の矢では距離に応じて長くなる。スイング射法の場合は初矢をクレー狙いで発射し、スイングをしたまま二の矢を放てば適度な偏差になる。スキート競技ではクレーの見え方は射台によって変わるが、速度と飛ぶ方向は常に一定である。そのため、繰り返し練習しながらリードする距離を体に覚え込ませていく。スキート競技では、苦手とする射台だけを練習するシューターも多いそうだ。

　しかし、こうした標的の狙い方は、あくまでもクレー射撃という競技上での話だ。実際の狩猟では、獲物が飛ぶ速度や走る速度はまったく異なるため、獲物と出会う距離も当然のように変わってくる。同じ種類のカモでも飛び立ち方は異なるし、ヒヨドリやタシギは独特な飛行方法をするので、動きが読みにくい。イノシシは一旦走り出すと同じスピードで進むことが多いが、シカの場合は途中でピタリと足を止めること

もある。スタンスの取り方に狩猟者による違いがあるように、動いている獲物をどう狙うかは、獲物の種類、猟場、猟法、獲物との接近距離、獲物との位置関係の高低差などによって、大きく変わっていく。

　結局のところ、獲物に対してどのくらいのリードを付けるかは、場数を踏んで感覚で覚えていく以外にないということになるのだが、その場数による経験値をどう蓄えていくのかという方法には、回答者それぞれの工夫が見受けられた。

　「カモなどを撃つ散弾銃には、蛍光チューブの照星を付けています。人間の目は光るものに対して自然と意識が向くため、これを付けることで撃った後に〝自分がどこを狙って撃ったか〟という記憶が残りやすくなります。こうした記憶を蓄積していけば、おおよその獲物との距離と動く速さで、照準をどのくらいリードさせて撃てばいいかわかるようになります」（佐藤さん）

　「私は大物猟、鳥猟のどちらもスコープを付けた状態で行います。レチクル線がある

と、後でどこを狙って撃ったのかが記憶に残りやすいのです」（井戸さん）

記憶に残りやすい照準器としては、照準の中心にレーザーによる光点をつくり出すドットサイトがある。これは周囲を広く見るために、スコープのようなチューブ式ではなく、オープン式と呼ばれるものがよく使われる。ドットサイトの光点は、モデルによって3MOAや2.5MOAといった大きさに違いがあり、数値が大きくなるほど光点が大きくなる。光点の大きさについては、小さいほうが狙いやすいという意見や、点は大きいほうが輪郭がはっきりして見やすいという意見もあるので、興味がある人は試してみるといいだろう。

## 銃にカメラを取り付けて
## 猟の後に射撃について復習する

井戸さんは工夫していることを、もうひとつ教えてくれた。

「銃にショットカムというカメラを取り付けているのですが、撮影した動画を後から見直すのも大きな経験値になります。狩猟では自分としてはドンピシャで当てたはずなのに、なぜか外してしまい獲物が倒れなかったというケースが多々あります。あとから動画を見返してみると、自分が思っていた位置とはまるで違うところに弾が当たっていたりします。こうした動画を見るのは恥ずかしい気持ちもなくはないですが、それ以上に自分の射撃のレベルを上げるのに役に立ちます」

ショットカムは「ガンカメラ」と呼ばれ、銃身の下に固定する。スローモーションにも対応しているため高速で滑空する散弾も

くっきりと映る。スコープに取り付けるタイプやスマートフォンと連動させて記憶するタイプもある。ガンカメラは総じて10万円以上と高価だが、スマートフォン記録型はアダプタの取り付けだけで済むため、1万円程度と値段も安い。このほか、最近はスコープ自体に動画を記録する機能が備わったデジタルスコープと呼ばれるタイプも注目を集めている。自分の射撃技術を冷静に振り返ることで、さらなる上達を目指すという井戸さんの方法論は、大いに参考になるはずだ。

## 獲物の動きが止まる場所を観察し
## 偏差に関係ない射撃につなげる

動く獲物を狙うタイミングを復習することで、射撃の精度を上げていくという意見以外にも、近藤さんには次のような工夫を行っているという。

「走っている獲物に対して適切なリードを取るというのはもちろん大切ですが、私の場合は獲物が走る通り道をよく見ています。たとえば、山の中には上り坂から下り坂になる地形に変化が生まれるポイントがありますが、こういった地形では獲物の動きが一瞬止まったり、動きが遅くなったりします。獲物の足が止まれば偏差を気にする必要がなくなるので、照準のど真ん中を狙って獲物を仕留めることができます」

空を飛ぶカモなどとは違い、大物猟の場合はその地形の変化に着目することで、獲物の動きとスピードが読みやすい。獲物が止まる位置を覚えておくことで、偏差をほぼ無視した射撃ができるという近藤さんの考え方も、かなり参考になりそうだ。

# 45

# 獲物が急に走り出すと
# 焦って据銃がもたついてしまう
# 対策やコツはある？

## 据銃を素早く行う練習が必要
## あえて撃たないという判断も大切

猟犬を使役したキジ猟やヤマシギ猟、あるいは追い立てられた獲物を狙撃する巻き狩りなどの猟法では、獲物が進んでいく方向がある程度予想できる。そのため、照準はトラップ競技のように進路を予想しておき、据銃しておくこともできる。もちろん、言葉で言うほど実猟は簡単ではないが、あらかじめ頬付けと肩付けの準備ができているだけで、射撃の難易度はグッと低くなる。

問題となるのは、鳥の踏み出し猟や単独忍び猟など、いつ獲物が現れるかわからない猟法だ。移動中は銃に弾を装填することは違法になるため、特殊部隊のように銃を構えながら猟場を歩くことはできない。弾を装填して据銃姿勢を取るのは、あくまでも獲物の存在を確認してからなので、特に初心者は銃の操作にもたついて、獲物を取り逃がしてしまうことも多い。

これについて岡部さんは次のように話す。「何よりもまず据銃の練習が必要です。据銃の際に焦らないためには、絶対的な練習量によって慣れることが大事です。一般的

なスキート射撃ではコールをしてクレーが射出されますが、国際ルールではタイマーという0から3秒の間に、ランダムに射出される不確定要素があります。初めての人はまったく当たらないと思いますが、素早い据銃を身につけるいい訓練になります」

スキート競技は銃を下ろした状態でクレーが射出されるため、素早い据銃姿勢を覚えるには最適な訓練方法だ。スキート専用の散弾銃には、据銃時に服にすれないようにバットパッドがないものや、より素早く構えやすいようにグリップがフルピストル（垂直に近い形）になっているものもある。獲物との急な遭遇が多い狩猟スタイルの人は、銃を見直してみるのも手だ。

単独猟を主として狩猟を行う東さんは、獲物の急な出現にどう対応しているのか。

「獲物と出会う前に、獲物の〝存在〟を知ることです。猟場に残された足跡や糞、木にこすりつけられた泥の状態を見て、その新しさから獲物が近くにいるかどうか判断します。また、物音やニオイなど耳や鼻か

獲物の痕跡を
探す東さん

らの情報も重要です。獲物が笹をかき分け
る音や木の葉を踏むわずかな音、イノシシ
が『フゴフゴ』と鼻を鳴らす音、発情中の
雄ジカの独特な臭気などを感じることで、
姿は見えなくても獲物の存在を知ることが
できます。どんなに慣れた人でも獲物と予
期せぬ遭遇をすれば、焦って据銃が乱れま
す。五感をフル稼働させて獲物の存在をい
ち早くキャッチすることが、据銃を乱さな
い一番のコツだと思います」

## 焦って据銃するのではなく
## 動かずに獲物を観察する

　同じく単独猟で活動をすることが多い井
戸さんは、「据銃で焦るくらいなら、まず
は待ったほうがいい」と回答してくれた。
「シカは走っていても途中で止まることが
よくあります。これはおそらく、シカにとっ
てその人間が有害な敵なのか無害な動物な
のかの判断がつかず、とりあえずこちらの
様子を伺うためだと思います。急に獲物に
出会って焦って据銃をするぐらいなら、動
かずに走っているシカをよく観察するとい
う判断も有効です。シカと見つめ合う状態
になったら、一呼吸、二呼吸したあとに深

呼吸をし、体が大きく動かないようにゆっ
くりと据銃して照準を合わせるぐらいが
ちょうどいいと思います」

　シカは違和感を感じると、とりあえず距
離を取ってそれを確認する習性がある。こ
のとき体をポンポンと弾ませながら走るの
で、こういった逃げ方をした場合は無理に
据銃して獲物を警戒させるよりも、逃げた
先で様子見をさせて、落ち着いて据銃をし
たほうが捕獲率は向上するということだ。

「正しく構えられなかった時点で、その獲
物とは〝縁が無かった〟と考えたほうがい
いでしょう。獲物が突然現れて据銃ができ
たとしても、焦った状態だと体に力が入り
すぎて、正しく狙うことができません。た
とえその弾で獲物を倒しても、危険な発砲
による猟果は自慢できるものではないと私
は思います。むしろ〝あえて撃たない〟と
いう経験が今後の糧となります。獲物を目
の前にしたらハンターなら誰でも猟欲が湧
いてくるのですが、その欲求を抑えるメン
タルコントロールができるようになれば、
その経験は必ず次の猟果につながります」

　なかなか奥が深い近藤さんのこの言葉を、
あなたはどう感じるだろう。

# 46

## 飛ぶ鳥や走る獲物を撃つための練習としてクレー射撃は効果ある?

ANSWER

### 狙う獲物や通う猟場で違うが銃の操作や銃の反動には慣れられる

クレー射撃とは、時速80〜120kmの速さで飛ぶ11cmのクレーを、散弾銃によって射撃する競技で、トラップ競技、スキート競技、ラビット競技の3つがある。

日本国内では最も競技人口が多いとされるトラップ競技には、アメリカントラップやユニバーサルトレンチ、ダブルトラップなど複数のルールがあるが、国内ではオリンピックトラップ(以下、トラップ)が一般的だ。トラップ競技はトラップ射場と呼ばれる専用のコートで行なわれ、5つの射台が用意されている。射手は射台の上に立って順番に射撃を行い、射撃が終わったら右方向に射台を移動する。5番射台が終わったら再び1番射台から射撃を行い、ひとり25枚のクレーが放出されたら1ラウンドが終了し、撃破数を競うことになる。

射台からクレー放出機までは15mとなっており、射台の先にはそれぞれ独立したクレー放出機がセットされている。この放出機は正面・右・左の3方向に向いており、1人の射手につき正面5枚、左右方向が各10枚ずつ放出される。クレーが放出される方向と数は決まっているが、その順番はランダムであり、また射出される高さも微妙に変わってくる。そのためトラップ競技は射出方向が変わらない他の競技に比べて、よりゲーム性の強い競技といえる。

トラップ競技は、果たして狩猟の練習として効果があるのか気になるところだが、「猟場でトラップのように獲物が動くのを見ることは、ほとんどありません。マガモやカルガモは初動が飛び立つ方向に動くため、トラップ的な動きではありません。ホシハジロなどの海ガモも、海面を滑走してから飛ぶという習性なのでクレーの挙動とは異なります」と、井戸さんは否定的な見解を示す。一方、広畑さんは「カモ撃ちをするには効果的な練習です。私がカモ猟をする場所は広い河川敷ですが、歩いていると葦の陰からカモが飛び立つことがよくあります。隠れているカモは私から逃げる方向に飛び立つため、ちょうどトラップのような動きになります」と肯定的だ。

# スキート射撃場とトラップ射撃場

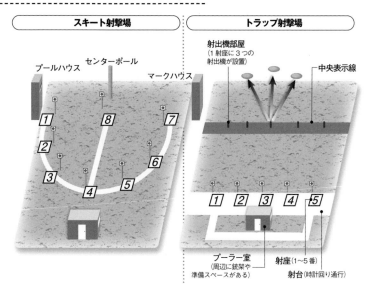

スキート射撃場

プールハウス　センターポール　マークハウス
1　8　7　2　6　3　5　4

トラップ射撃場

射出機部屋
（1射座に3つの
射出機が設置）　中央表示線
1　2　3　4　5
プーラー室
（周辺に銃架や
準備スペースがある）
射座（1〜5番）
射台（時計回り通行）

　この意見の食い違いは、カモ猟を行う猟場の違いも大きく影響する。井戸さんが主にカモ猟を行う山間の溜池や野池では、カモが旋回しながら上空を通ることも多く、どの方向に飛んでいくか予想がしにくいため、トラップとはまったく異なる動きに見える。トラップが狩猟の練習になるのかどうかは、自分の通う猟場による要素が大きいということだ

　一方、スキート競技の射場は1番から7番までの射台が半円形に並び、その中心に8番射台が設置されている。射手は1番射台から順番に8番射台へ移動しながら射撃を行う。スキート競技では放出されるクレーの高さ・方向が常に一定となっているが、トラップとの最大の違いは放出機に対する射手の体の向きが変わることである。たとえば1番射台の場合、マーク（射面右

手側）から射出されるクレーは正面から飛んでくるように見えるが、4番射台では右から左へ真横に飛んでいくように見える。さらに8番射台では真正面から飛んでくるように見えるため、射手は射台ごとにクレーが飛び出すタイミングと撃破ポイントを覚えておかなければならない。

　スキート選手として日本屈指の腕前を持つ岡部さんは、「スキートは瞬時に銃を構える動作が必要なので、どこから飛び出すかわからないカモやキジ猟のいい練習になります」と言う。しかし、「よいシューターが必ずしもよい狩猟者であるわけではない」という井戸さんの意見があるように、競技としてのクレー射撃と実猟は分けて考えたほうがいいという側面もある。クレー射撃はまったく当たらないのに、猟場では凄腕というベテラン猟師は数多くいるのだから。

# 47

## ランニングターゲットって
## どんな競技?
## 動的射撃の練習に効果的?

ANSWER

### 左右に移動する的を射撃する競技
### イノシシやシカ撃ちには効果的

　ランニングターゲットとは、「移動標的射撃」または「ムーバーターゲット」とも呼ばれる標的射撃競技のことだ。50m先（射撃場によっては100m射台もある）に設置された動く標的を、規定時間内に射撃してその正確性を競う。競技のやり方はいろいろだが、国内では左か右の一方向にスロー（5秒）もしくはファスト（2.5秒）で移動するのがルール。使用する装弾はクレー射撃の散弾ではなく、スラッグ、サボット、ライフル弾といった一発弾である。クレー射撃では一発弾の使用が禁止されているため、動的射撃を一発弾で練習するにはこのランニングターゲット一択になる。

　ランニングターゲットを行える射撃場は限られているため、回答者の多くがランニングターゲット未経験だったが、井戸さんと近藤さんはランニングターゲットを狩猟の練習として役に立てているそうだ。

　「走るものに対してリードを取る練習になります。クレー射撃でももちろんリードは大切ですが、空を飛ぶクレーと地面を走る

ランニングターゲットは速度がまったく違います。イノシシに見立てた動く標的に照準を合わせれば、実際に獲物と対峙したときの安定感にもつながります」（井戸さん）

　ランニングターゲットの標的にイノシシの絵が描かれていることが多いのは、こうした心理的効果を狙ってのことなのだろう。標的を〝的〟と認識するのか〝動物〟と認識するのかによって、その命中精度が違ってくるというのは、狩猟の特殊性ともいえる〝動物を殺す〟という行動が、多少なりとも射撃に心理的な影響を及ぼすためで、特にクレー射撃から狩猟に入った人に、その傾向が見られるという。

　「スラッグやサボット弾の強力な反動を体感できるのも大きなメリットです。クレー射撃に使う弾は24〜28gですが、スラッグ弾は32gと重くなっています。スラッグ・サボット弾は散弾に比べてゆっくりと加速されていくため、反動もズシンと重く、長く感じます。スラッグやサボット弾を猟場で何十発も撃つことはほとんどありません

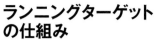

# ランニングターゲット
# の仕組み

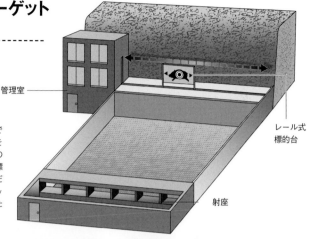

管理室

ランニングターゲットで
は50m先の動く標的を
狙って撃ち、時間内での
射撃の正確性を競う。標
的は右か左の一方向にだ
け動き、スラッグ、サボッ
ト、ライフル弾といった
一発弾を使用する

レール式
標的台

射座

実際のランニングターゲットの様子

イノシシが描かれた的が動くので、それを狙って撃つ

から、その反動をどう感じるのか、反動で
照準がどのようにブレるのかを、実際に知
ることができるランニングターゲットは、
いい練習になるはずです」（近藤さん）

　元自衛官である井戸さんによると、ス
ラッグ弾の反動は自衛隊で使われる小銃よ
りも「はるかに強い」という。「はじめて
スラッグを撃ったときは驚きました。狩猟
を始めたときは、自衛隊で習った据銃姿勢
を試していましたが、どれもうまく応用で
きませんでした。結局、猟場でスラッグ弾
を使うときの射撃スタイルは、ランニング
ターゲットの練習でつくり出した形です」

　余談だが、地面を走る標的射撃にはもう
ひとつ、「ラビット」と呼ばれる競技がある。
これは射面左右の射出器から時速20km程
度でクレーが1枚ずつ転がってきて、合計
20枚を散弾によって撃破する競技だ。ラ
ビット競技ができる射撃場も国内では数少
ないため、なかなか試す機会は持てないか
もしれないが、地面に散らばった破片の上
をポンポンと飛び跳ねるクレーを狙うとい
うのは、かなりユニークだ。ラビット競技
には国際的なルールはないが、ウサギ猟の
練習にはなりそうだし、遊び感覚で楽しめ
る競技といえるだろう。

# 48

# 動的射撃を上達させたい!
# 自宅でもできるような
# 練習方法があれば教えて

ANSWER

## 据銃姿勢は反復練習で覚える
## 壁の印を追うスイング練習もおすすめ

クレー射撃やランニングターゲットは、狩猟の練習だけでなく銃の安全な取り扱いを習得するのにも役立つが、どうしてもそれなりの出費を伴うのが難点だ。

クレー射撃の場合、「射撃場の入場料」が700 〜 2,000円、1回のプレーにつきクレー代が1枚約40円× 25枚＝ 1,000円、さらに弾代として1発につき約45円かかるとすると、1日4 〜 6ラウンドでおよそ1万円〜 1万5,000円かかる計算になる。しかも、最近は弾代が高騰しているため、1日のプレーで総額2万円以上というのも珍しくない。

射撃の安全性とカネを天秤にかけるのは間違いという意見もわかるが、やはり先立つものがなければ話は始まらない。また、おカネの話だけではなく、時間的な理由や距離的な理由で練習にいけないという人もいる。そこで知りたいのが、自宅でもできる射撃の練習方法だ。回答の中で一番多かったのが、「据銃練習」だ。

Q43でも書いたように、射撃では動的か静的かにかかわらず、頬付けと肩付けを常にしっかりとやっておかなければならない。野球やゴルフの素振り練習のように、射撃では銃を構える動作が練習の基礎中の基礎となる。据銃姿勢の練習について、近藤さんは次のように回答する。

「外の人から見られないような位置で、窓の外の適当な距離にある電信柱などに向けて、据銃姿勢を繰り返します。このとき視線を動かさない状態で銃を上げ、スコープのレチクルが視線の真ん中にくるように練習しましょう。スコープは覗き込む角度が悪いと、視界の四隅にケラレ（暗くなる場所）が生じます。また、動く獲物に対しては視界の広さも必要なので、スコープは両目を開いて覗くクセをつけてください」

据銃訓練は素早く行うというイメージがあると思うが、東さんの考えは違う。

「据銃の練習はゆっくりと行いましょう。初めから素早く構えようと意識しすぎると、間違ったフォームになる可能性が高いです。据銃の際は体のどの筋肉がどのように動い

# スイングトレーニング

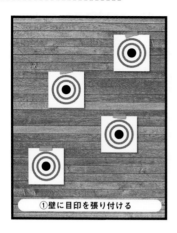

①壁に目印を張り付ける

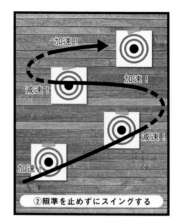

加速！
加速！
減速！
減速！
加速！

②照準を止めずにスイングする

ているかを意識しながら行いましょう」

特にベテラン狩猟者には「1,000本ノック」ならぬ「100本据銃」を練習と考えている人も多いが、東さんは「回数は気にせずフォームをつくることが大切」と言う。

なお、据銃姿勢の練習をする際は、人に見られないようにするのも忘れてはいけない。家の中で銃を構えている人の姿を見たら、誰でもギョッとするはず。通報されでもしたらシャレにならない。

## 紙の的をスイングさせて追う スイングトレーニングも効果がある

こうした誤解を避ける意味でも、屋内でもできる練習方法はないだろうか。

「スイングトレーニングという方法があります。まず壁に4〜6枚の的を描いた紙を貼りつけます。スタートする紙を決めて照準を合わせたら、体をスイングさせながら順にすべての的を見ていきます。スイングさせたときに照準の軌跡が目印から外れた

としても、そこで止めずに次の目印に向けてスイングさせてください。特にカモ猟では、一度外しても旋回して戻ってくることも多いので、1発外しても執拗に照準で追い続ける練習をしておいたほうがいいです。練習では目印のスタート位置、通過する目印の順番、紙を貼る場所などを変えて、何パターンか練習しておくとよいでしょう」と東さんが教えてくれた。

最後に紹介するのが、「銃を愛でる」という佐藤さんからの異色の回答だ。果たして練習方法と呼べるかどうかわからないが、「お客様の中には、銃を台の上に置いていろいろな角度から眺めているという人がいます。こうすることで、狩猟や射撃のヒントがパッ！と浮かんでくることがあるそうです」と佐藤さんは笑う。この話にどこまで同感するかは人それぞれだが、射撃の練習に行けないときに、自分の〝愛銃〟を眺めてみるのも、メンタルトレーニングの効果があるのかもしれない。

# 49

## なぜか撃っても当たらない「当たらない病」どのように対処する?

ANSWER

フリンチングが出ていないかの確認を
銃や照準器が原因の可能性もある

スコープ越しに映るシカの姿。乾いた発砲音とともに獲物はパタリと倒れる……はずが、なぜか元気よくピョンピョンと飛び去っていく。その後ろ姿を見てハンターはこう思う、「手ごたえは十分だったのに、なぜ?」と。狩猟者に突然襲いかかってくるこの現象は、俗に〝当たらない病〟と呼ばれている。

いくら撃っても獲物が倒れない現実を目の前にして、一種のパニックに陥ってしまったハンターは、「銃の不具合か? それともスコープのせい? 撃ち方に変なクセがついてしまったのか?」と、〝沼〟にハマってしまうのだ。

そして、これまでやったことのない射撃スタイルに挑んだり、怪しいカスタムパーツを銃に付け始める人もいる。こうした一連の症状は〝当たらない症候群〟と呼ばれ、悩みはさらに深くなっていく。

この現象はいわゆる他のスポーツでいうところの「スランプ」に近いのだが、やっかいなのはバッティングフォームのように、「同じシチュエーション」を再現することができないという点だ。獲物との出会いは一期一会なので、同じ状況で検証しようと思ってもそれは叶わない。問題がどこにあるのかがわからないため、改善する手立ても見つけにくい。

当たらない病の原因としてよく語られるのが、フリンチングである。フリンチングとは、銃の反動に対抗して体が前傾になろうとすることで筋肉が硬直し、銃床を押して照準が大きく狂う現象だ。このフリンチングは困ったことに、体の〝反射〟なので改善が難しい。つまり、フリンチングは物が急に飛んできたときに「目をつぶる」、熱いものに触ったときに「手を引っ込める」という反射と同じなので、意識的に抑えることは難しい。

フリンチングは自分ではわかりにくい現象だが、銃のセーフティをかけたまま引き金を引いたときに、体が一瞬ビクッと反応したことがある人は、フリンチングが出ている可能性が高いとも言われる。フリンチ

ングについて井戸さんは次のように語る。
「ランニングターゲットでラウンドを重ねていると、体が反動を覚えてしまうのか、フリンチングが出やすくなる印象です」

　また、フリンチングは体力の低下という要因も考えられる。たとえば、普段の生活でも体力や精神力を消耗していると、物を落としたり階段を踏み外したりといった、無意識的な筋肉の動きが多くなる。もちろん、これらがフリンチングの原因のすべてというわけではないが、体力の恒常的な低下である〝加齢〟によって、今までできていたことが急に体にとって負担になり始めたという可能性も考えられるわけだ。こんなときは、装弾を軽いものに取り換える、体力の消耗が小さい狩猟スタイルに変えるといった対策が効果的かもしれない。

## 銃や照準器の故障が原因で
## 当たらなくなってしまうことも

　当たらない病の原因が、銃にあるケースも考えられると東さんは言う。
「あまり知られていませんが、銃には寿命があります。銃の構造やカートリッジによっても変わってきますが、散弾銃の場合は10万発、ライフル銃は2,000〜5,000発くらいで銃身のライフリングが削られて薄くなり、命中精度を大きく損ねる可能性があります。また、機関部の部品も摩耗して動きが変わってきます。ボルトにガタがきたり、木製パーツに歪みが生じたり、目に見えないような〝マイクロクラック〟が発生していたりと、原因は特定できませんが、微妙な故障によって起こる銃の振動で精密性が崩れることもあります」

　こうしたトラブルが発生していると感じたら、銃砲店に銃の検査を依頼してみるのもいいし、いっそ新銃に買い換えて心機一転するという手もある。また、東さんは照準器の故障も考えられると言う。
「スコープの故障はよく知られていますが、アイアンサイトやビーズサイトなども、気づかないうちにズレていることがあります。原因は経年劣化によるだけでなく、猟場で移動中に銃を木や岩にぶつけてしまい、歪んでしまうこともあり得ます。散弾銃であれば射撃場に足を運んで、定期的にスラッグ弾での撃ち競技を行い、照準器のズレを確認してみてはどうでしょう」

　射撃場によっては「パターンテスト」と呼ばれる静的射台を備えているところもあるので、散弾のみの射撃をするという人は試してみるといいだろう。

## ドツボにハマってしまったら
## 〝別の狩猟〟を楽しむのも手

　自分の狩猟姿勢や銃、照準器を見直しても、当たらない病の理由が何なのかが、どうしてもわからないということもある。自身もそんな体験をしたという東さんは、次のようにアドバイスしてくれた。
「どうしようもないほどドツボにハマってしまったら、一度何もかも忘れて〝別の狩猟〟を楽しむことで解決することもあります。私もある時期パタリと当たらなくなったことがありましたが、ある日、一羽のヒヨドリを何となく撃ってみたところなぜか命中。不思議なことに、それがきっかけで再び弾が当たるようになりました。理由は今でもわかりません（笑）」

# 50

# 遠くにいる獲物を正確に撃ち抜く静的射撃のコツやテクニックがあれば教えて

ANSWER

## 銃、構え方、狙い方が動的射撃と異なる空気銃では特に重要な考え方

ここまでは動いている獲物を撃つ動的射撃について説明してきたが、止まった標的や獲物に対して射手側も静止した状態で撃つ「静的射撃」は、射撃の技術がまったく異なる。静止している獲物を目視するには、獲物との距離がある程度離れている必要がある。鳥であれば飛び立つ距離、動物であれば走り出す距離を「警戒距離(鳥の場合はフライトディスタンス)」と呼び、この距離外から発砲して静止している獲物を仕留める技術が静的射撃となる。

たとえ警戒距離より遠くにいても、獲物となる鳥や獣はこちらの存在を認識している。それでも逃げないのは、獲物が〝銃〟の存在を知らないからだ。そのため、一度でも銃という存在を学習した獲物は、スマートディア(ディアはシカのことだが、すべての鳥獣が該当する)と呼ばれ、警戒距離は長くなってしまう。

動的射撃と静的射撃の違いは、まず使用する銃にある。使われるのはライフル銃、ハーフライフル銃、空気銃だ。スラッグ専用の散弾銃でも静的射撃は不可能ではないが、スラッグ弾はライフル弾に比べてライフリングによる回転がないのと、弾頭の表面積が大きくて速度も遅いため、遠距離で弾道が大きくバラつくと近藤さんは言う。「50mまでの射撃であれば十分可能ですが、100mを超えるような長距離射撃には、かなりの練習量が必要です。もし初心者が100m以上の距離を当てたとしても、それはまぐれに近い。過信するのは危険です」

照準器にも大きな違いがある。50m以上離れた距離にいる獲物に正確に弾を当てるには、着弾する位置が数cm単位で視認できていなければならないため、静的射撃に使用する照準器はズーム機能のあるテレスコープサイトほぼ一択。なお、動的射撃でも照準器にスコープを載せる人は多いが、これらはショートスコープ(ローパワースコープ)と呼ばれ、拡大率は等倍から4倍率程度。静的射撃に用いられるのはスナイパースコープ(ロングレンジスコープ)と呼ばれ、最低倍率4〜6倍、最高倍率は12

静的射撃は依託する
射撃姿勢（ポジショ
ン）で行われる

〜 36 倍がよく使われている。

　静的射撃では銃の構え方も大きく異なる。「動的射撃ではオフハンド（立った状態で射撃する構え方）ですが、静的射撃ではポジションで行います。ポジションとは銃の重さを何かに依託する射撃スタイルで、射手の姿勢や使用する道具によって様々な構え方があります。ただしオフハンドであれポジションであれ、肩付けと頬付けの重要性は同じです。あくまでも銃の重さを腕で支えるのか、それとも何かに依託するのかの違いでしかありません」（内藤さん）

　日本では北海道など一部の地域を除くと、視界の開けた猟場というのは少ない。しかも〝ライフル10年縛り〟という特殊な法律があるため、完全な静的射撃で狩猟をする人は現実には少ない。ライフル銃やハーフライフル銃の人の多くがオフハンドで射撃をしており、偶然止まった獲物を見つけてもわざわざ依託射撃で構えずに、オフハンドで撃つことのほうが多い。

## シャープシューティングにも
## 静的射撃の技術が重要になる

　しかし、最近は静的射撃の重要性が増していると近藤さんは言う。

　「捕獲管理事業の一環として、最近はシャープシューティングという考え方が重要になりつつあります。これはあらかじめ餌を撒いて主にシカを誘引しておき、遠くから狙撃する猟法です。餌を食べている獲物は止まっていますが、距離も遠いため静的射撃の技術が重要です。シャープシューティングでは一度でも狙いを外すと、獲物がスマートディア化して誘引しにくくなるため、一撃必中の射撃が必要となります」

　また、静的射撃の技術は空気銃の世界でも必要性が増しているという。

　「最近のハイパワープレチャージ式空気銃は、100 m 以上先のカモやキジなどを狙えますが、弾速がライフル弾よりもはるかに遅い空気銃では弾頭の落下量が大きく、ゼロインやドリフトといった弾道の変化をよく理解しておかなければなりません。また、体や銃のブレが照準に大きな影響を与えるため、射撃姿勢についてもライフル射撃よりもシビアになるといえます」（佐藤さん）

　獲物もシカやイノシシなどに比べてはるかに小さいため、500円玉程度の範囲に正確に着弾させる腕が必要になると佐藤さんは話す。動的射撃だけでなく、静的射撃の技術を高めておく意味は大きそうだ。

# 51

# 精密な射撃をするためのスコープ どのように調整する?

ANSWER

まずはゼロインをしっかり理解する
ダイヤルの単位と向きにも注意が必要

Q15で解説したように、長距離での狙撃は照準器のゼロインが非常に重要な要素となるが、「ゼロインのことをまったく知らない人が少なくない」と佐藤さんは話す。「特にドロップの大きい空気銃では、ゼロインがわかってないとまったく当たりません。銃身の方向（弾が発射される方向）と水平に視線を合わせても、絶対に着弾点は下になるという点を抑えて、ゼロインの原理を理解しておいてほしいですね」

なお、照準器によってはゼロイン調整ができないタイプもあるが、遠距離射撃ができないわけではない。たとえば散弾銃のビーズサイトに照門はないが、照準をつけるときに照星を見下ろすように構えることで、照星と中間照星が「8の字」に見える。この「8の字照準」を付けることによって、散弾銃でも遠ざかる方向に飛んでいく鳥を仕留めることが可能になる。また、アイアンサイトには照門の高さを上げるタイプもあり、タンジェントサイト呼ばれている。調整機構を持たず、特定の装弾を使ってあ

らかじめ50mないし100mに、ゼロインするよう調整されているタイプもある。

佐藤さんによると、スコープを覗いて弾を発射し、スコープの真ん中に弾が当たったときの弾痕の高さを「0」とし、この状態でスコープのエレベーションダイヤルをUP側に回すと、アイアンサイトでいうところの照門が上がった状態になり、照準は下方向に傾くという。この状態で1発目の弾痕にレチクルの中心を合わせて撃つと、2発目は1発目よりも銃身が〝上〟に付くという。

「ダイヤルのUPとはすなわち照門の位置を上げるという意味ですから、照門を上げると照準はどう変化するのかということを想像してほしいですね」（佐藤さん）

ゼロインの原理を考えるとき、スコープのダイヤルをUPに回すとレチクル自体が上に移動すると勘違いしている人がいるが、実際は逆だ。スコープのウィンテージダイヤル（左右方向の調整）も同様で、LEFTに回せば照準線が右斜めになって弾痕は左

# スコープのダイヤルを回す方向

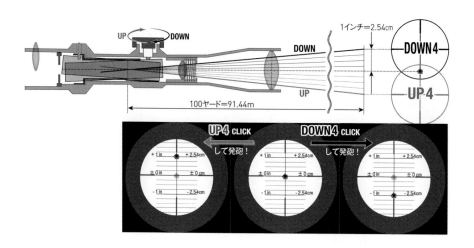

側に付き、逆に回せば右側に付く。

## 一発で1000円がムダになる!?
## ゼロインをまじめに覚えよう

　ゼロインの調整でもうひとつ覚えておきたいのが、ダイヤルの目盛りについてだ。スコープの種類にもよるが、多くの場合ダイヤルには「M.O.A.」という単位が付けられている。これは「ミニッツ・オブ・アングル」の略で、ダイヤルを1クリックすると1分（＝1/60度）照準線が動くことを意味する。1分という角度を計算してみると、100ヤード先で1.047インチの長さになる。つまり、スコープのダイヤルを1クリックすると1分だけ照準線が傾き、100ヤード先で約1インチ照準が動く。

　実際のスコープのダイヤルは「1/4MOA 1CLIK」というタイプが多い。これは1クリックで100ヤード先の1/4インチが補正

できるという意味。「1/4MIN」または「1/4″」という別表記もあるが、意味はすべて同じだ。また、スコープにはMOA以外にもMIL（ミル）と呼ばれるタイプもあり、これは1000m先で1mの距離を表す。角度だと1ミリラジアン（360/2π×1/1000）の角度で、表記は「MRAD」と書かれることもある。

　ここまでの話で頭が痛くなってきたかもしれないが、心配無用と佐藤さんは言う。「空気銃のゼロイン調整では1回に最低でも10発近くの弾を撃ちますが、弾は1発2円程度なので適当にダイヤルを回していればそのうち覚えます。しかし、サボットやライフル弾は1発1000円近い。スコープの調整方法がわからなくてムダ弾を撃つたびに1000円捨てることになるので、よほどの金持ちでない限り誰だって、ゼロインを理解しようとまじめにやるはずです」

# 52

## ゼロイン調整に必要な道具 あったほうがいい道具とは?

ANSWER

**銃をしっかり固定できるものと スポッティングスコープがあれば便利**

実際にスコープのゼロインを調整する方法だが、まずゼロイン調整は大口径ライフル射撃場で行う。大口径ライフル射撃場は、クレー射撃場に併設されているが、競技用の小口径ライフル射撃場（SB）しかない場合もあるので、あらかじめ電話で確認するか、全日本指定射撃場協会のホームページで「LB」、空気銃は「AR」と記載があることを確認しよう。

大口径ライフル射撃場には、いくつかの射台が横並びに用意されている。前方に紙の的を立てて射撃を行うが、的までの距離は50m、100m、150m、200m、300mに固定されており、射撃場によって用意されている距離が異なる。そのため、射撃場の的までの距離が、必然的にゼロイン調整できる距離ということになる。

ゼロイン調整を行うために準備しておく道具ついて、佐藤さんに聞いてみた。

「必要なのは銃を固定する道具です。ゼロイン調整では可能な限り、銃に触れないようにします。台座にはガンレストやベンチレストと呼ばれる道具を置き、その上に銃をしっかりと固定した状態で射撃を行います。ガンレストは数千円程度のものもありますが、できるだけちゃんとしたメーカー品を使ってください。数発撃ってネジがバカになるような安物を使っていては、ムダにした弾代で高級ガンレストが買えてしまいます。あとはスポッティングスコープも持っておいたほうがいいですね。バードウォッチングにも使われる高倍率の単眼鏡で、射台の上から的の弾痕を確認することができます。100mゼロインなら最高倍率24倍程度の高倍率スコープを載せていれば、撃ったまま弾痕の確認ができます」。

一方、専業猟師の東さんは「世のライフルマンには怒られるかもしれませんが」と断りを入れたうえで、次のように回答する。「私はガンレストもスポッティングスコープも使わないというか、持っていません。弾を入れているバッグを先台の下に置いて銃を固定しています。弾痕も射撃後に的まで歩いていき、目視で確認します」

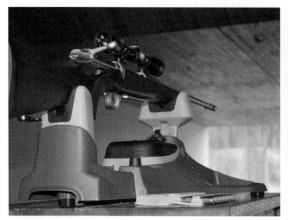

シューティングレスト

スポッティングスコープ

　実にシンプルな方法だが、これでも獲物を獲れる人は問題ないということだ。佐藤さんも「ガンレストを使わなくてもゼロイン調整は可能」と言うが、次のような点に注意が必要だと話す。

「銃の下には必ず固めのクッションや、服などを詰めたバッグを敷いてください。台の上に直接銃を置くと、発射時の振動で銃身が震えてしまい、精度が出ません」

## 耳、目、頭を保護するための
## アイテムもなるべく着けよう

　ゼロイン調整には的紙も必要だが、射撃場の売店で販売しているライフル射撃用の的ではなく、適当な厚紙でも問題はない。方眼用紙などを使えば、スポッティングスコープから弾痕の計測がしやすくなる。また、クレー射撃場でも必要なので、必ずイヤーマフや耳栓を用意しておこう。

「射撃場では大きな発射音が鳴り響きます。特に覆道式射撃場は全面がコンクリートで覆われているので、轟音のような射撃音で

す。耳の保護のためにもイヤーマフか耳栓を着用しましょう。電子式タイプのイヤーマフなら着用したままでも話し声などの小さな音が聞こえるので、仲間といく場合などは便利だと思います」（佐藤さん）

　ほかにシューティンググラスも用意しておいたほうがいいと、佐藤さんは言う。

「昔、ライフル射撃で隣の人が撃ったライフル弾頭が、100m以上先から跳ね返ってきて私の胸に当たったのです。幸い大事には至りませんでしたが、Tシャツの上からでも出血しましたから、もし目に当たっていたらと思うとゾッとします」

　一般的にシューティンググラスはスキート競技で用いられ、頭上付近で撃破されたクレーの破片が目に入らないようにする目的がある。佐藤さんの例はかなりのレアケースといえるが、銃を使う以上どんな事故が起こっても不思議はない。専用のシューティンググラスである必要はないので、保護のためにもアイウェアとできれば帽子もかぶっておきたい。

# 53

## ゼロイン調整で
## スコープのダイヤルを回す回数は
## どのように計算する?

ANSWER

## ヤード・インチの換算が必要だが
## 近似的に求める方法もある

引き続きゼロインの方法について説明しよう。銃をガンレストなどに固定したら、スコープを的紙の中心に合わせ、少し間隔を開けながら5発ほど弾を発射する。すると的紙のどこかに弾痕の集まり(グルーピング)が生まれるので、このグルーピングをひとつの〝円〟としてとらえ、その中心から的紙の中心までが縦横何cmズレているかを確認する。ズレは標的が「ブルズアイターゲット(中心に黒・赤丸があり、同心円状に広がる的)」ならスポッティングスコープ上からでも確認ができるが、より詳しく計測したければ、一旦射台を降りて的紙にものさしを当てて測ればいい。

さて、ズレはスコープのダイヤルを回して補正をしていくが、Q51で書いたようにダイヤルは1/4MOAで刻まれている場合が多いため、ゼロイン調整は「100ヤードに対する1/4インチ」で調整できる。ただ、日本の射撃場はメートル単位でつくられているため、ヤード・インチに変換するには電卓を叩かなければならない。実際に計算

してみよう。100mでゼロインする場合、100ヤードは91.44mなので、比は1.093。1クリックで0.25インチ照準が動くので、100m先では0.25×1.093 = 0.273インチ動く。これをセンチに換算すると0.694cm、つまり1クリックで約7mm照準が移動する。

例題をひとつ。グルーピングの中心が的の中心から右に10cm、上に27cmズレていた場合、どうダイヤルを回すのか? 先の値で計算すると、ウィンテージダイヤルのLEFT側に14クリック、DOWN側に39クリックすれば、2射目以降のグルーピングは的の中心に集まる計算だ。

ここまでの話で大変そうと感じた人も多いと思うが、もっと簡略化した方法でクリック数を求めているのが東さんだ。「ゼロインする距離が50mなら2、100mなら1、300mなら1/3と覚えておきます。これに1.6とズレている距離(cm)をかければ、クリック数が求められます」

先の例で計算してみると、LEFT方向は16クリック、DOWN方向は43クリックと

# 第一ゼロインと第二ゼロイン

弾が重いほど速度が速くなる＝同距離を飛ばすためには山なりになる

**重い弾**

第一ゼロインは近すぎて
ゼロイン調整には使えない

**ゼロイン**
この距離でゼロイン調整をする

**軽い弾**

**第一ゼロイン**
この距離でゼロイン調整をする

**第二ゼロイン**
遠方で再度、ゼロインする

なり、計算値より２、４クリックずつ多い。これによる誤差1.4cmと2.8cmは、小さくはないような気もするが、「この近似値でまったく問題ない」と東さんは言う。

　東さんの近似式を簡単に説明すると、まず100ヤード≒100m、1インチ＝2.5cmで近似している。目盛りは1/4インチ刻みなので、4クリックで2.5cm補正されるならば、その倍率は4/2.5＝1.6。これは100mでの話なので、50mではその倍の補正がかかるので×２、300mでは1/3の補正がかかることになる。

## 第一ゼロインが遠くにできれば
## ドロップを気にせずに射撃できる

　東さんがこのように〝ザックリとしたゼロイン調整〟を行うのには、理由がある。
「私が使っているライフル弾は、弾頭を軽量にしてできるだけ弾速を上げる調整をしています。そのため、ゼロインは『第一ゼロイン』を使って50mに調整しています。

こうすると第二ゼロインが約150mの位置にくるので、50〜100mの間であればドロップをほぼ気にすることなく射撃ができます」

　目の下から真上に投げたボールは、ボールが上がるときと落ちてくるときの2回視線を通る。ゼロインの原理もこれと同じで、発射された弾は2回照準の中心を通ることになるが、1回目に照準の中心を通る距離を「第一ゼロイン」と予備、これまで述べてきたゼロインを「第二ゼロイン」と呼ぶ。

　一般的な装弾では、弾を遠くに飛ばすためには大きな放物線を描いて飛ばさなければならない。そのため第一ゼロインは非常に短い距離にできるので、ゼロイン調整のときは第二ゼロインが使われる。しかし、東さんは弾を高速になるよう調整しているため、第一ゼロインが遠くにできるので、第一ゼロインから第二ゼロインまでの広い範囲で、ドロップをほぼ気にせずに射撃ができるというわけだ。

# 54

## 静的射撃の構え方 立射や座射、膝射、伏射の コツを教えて

ANSWER

### 体の震えを銃に伝えないことが大事 自分で銃を〝支えない〟のがコツ

静的射撃では銃のブレを極力抑えるための構え方が大事になると書いたが、これは動的射撃の「腰から上を使って銃を大きく動かす」撃ち方とは正反対の射撃スタイルだ。どんなに精密な銃やスコープを使っていても、射撃の土台となる人間の体が動いていたら、弾は決して照準どおりには飛んでいかないと佐藤さんは指摘する。

「人間は自分では静止していると思っていても、実際は左右上下にフラフラと体が動いています。この動きを認識できないのは、優秀脳がそれを〝ムダな情報〟として処理を行わないようにしているためです」と佐藤さんが言うように、最も精密な射撃をしたければ、人間が銃に触らないのがベスト。銃をガンレストに固定して台に置く、ベンチレストというスタイルが静的射撃の極致といえる。とはいえ、実際の猟場で何kgもあるガンレストを持ち歩くことはできないので、人間が極力銃を支えないようにする構え方が必要になってくる。

「最も安定するのは伏射（プローンポジ

ション）です。伏射では銃の重みを地面に預けるため、人間の足や体の震えが銃に伝わりません。ただ、銃を地面に直接置くと銃身が下を向いてしまうので、先台や銃身はリュックやガンバッグなどで支える必要があります。バイポッドと呼ばれる二つ足のアクセサリーを付けておけば、伏射はかなりやりやすくなります。もし先台を支えるものが何もなければ、腕を先台の下に入れて構えるスタイルもあります」

しかし、伏射には欠点もある。「伏射は確かに安定する射撃姿勢ですが、実際の猟場ではなかなか構える機会がありません。特に私の猟場は高低差が激しい山が多いので、自分の目線よりも高い・低い場所にいる獲物には照準を合わせることが困難です」と井戸さんは言う。「私は有害鳥獣駆除で冬場以外にも猟をしますが、特に初夏から夏は草木が視界を邪魔して、伏射で撃てる状況はそうそうありません。下半身をべったりと地面に付けることで、服が汚れるのが嫌ですね」と東さんも笑う。

依託射撃。棒を使って銃を支える　　木への依託射撃。木に寄りかかって銃の重みを木に預けている

実猟では利用しづらそうな伏射だが、特に湖や河川敷などでのカモの空気銃猟では、伏せたときに目線の高さと獲物の位置がほぼ一致するので、効果的という意見もある。

## 銃を支える力を最小限に抑える
## 依託射撃を習得しよう

「伏射よりもやや精密性に劣りますが、座射（シッティングポジション）や膝射（ニーリングポジション）という構え方もあり、地面に腰を据えることで下半身の動きが銃に影響しにくくなります」（井戸さん）

膝射は立った状態から片膝を立てるだけでポジションに移れるので、構える動作が早い。座射は地面に座るまでに時間がかかるが安定感は膝射よりも上。主に巻き狩りのタツマ（待ち伏せ役）がよく使う。

立ったままの姿勢で静的射撃する立射（スタンディングポジション）は、銃を構えた状態で腰骨をグッと前に突き出し、先台を支えている腕が腰骨に乗るように構える。銃を支える手と腰骨に乗ったヒジ、腰骨を支える足が一直線になるため、ちょうど先台の下を一本の棒で支えるイメージだ。数ある構え方の中で最速で構えられるが、立射は銃の先台を支える手が体に近くなるので、スラッグや大口径ライフルを撃つと銃が跳ね上がるデメリットもある。ただ、空気銃猟では反動が小さいため有用な面もあるが、できれば実際の猟場では次に紹介する姿勢を取ったほうがいい。

「猟場では木に銃を押し当てたり、枝の上に乗せて銃の重さを支えることがあります」と広畑さんが言うこの構え方は、依託射撃と呼ばれる。銃を何か別のものに預けることで、人間が銃を支える力を最小限に抑えることができる。静的射撃の構え方として最も多い回答が、この依託射撃だった。

「銃の重みを預けるのは、支えになるものなら棒でも何でも構いません。猟場では獲物だけでなく、銃の依託先を速やかに探すことも大事になります」（広畑さん）

# 55

## スコープで獲物を狙うとき うまく照準がつけられない 静的射撃のコツを教えて

ANSWER

## 引き金の引き方（ガク引き）も主要因 実猟では体力・メンタルも重要な要素

佐藤さんは過去に、お客さんから次のような質問を受けたことがあるという。「スコープにスタビライザー（カメラなどの手振れを抑えるジンバルなどの装置）を付けられないかという相談でした。『スコープを覗くと視界がブレるので、スコープを静止させる方法を探している』とのことでしたが、当然ですがスコープが静止していても銃身は体と一緒に動いているので、スタビライザーを付けたところで狙った地点に弾が飛んでいくわけではありません。お客様には『動いているのはスコープではなく、お体のほうですよ』とお伝えしておきましたが」

こうした話は意外に多いらしく、「高倍率のスコープを使うとブレが大きくなる」と勘違いしている人は少なくないという。高倍率でスコープを覗くと、確かに低倍率よりも照準のブレが大きく見えるが、だからといって低倍率のときにブレていないわけではない。低倍率ではあくまでもブレが「小さく見えている」だけであり、銃身が

ブレている量はどのようなスコープを使っても変わらないのが正確なところだ。そして、そのブレをつくっているのはスコープではなく、自分自身の体なのである。

照準をブレさせないようにするためには、前項で説明した射撃姿勢（ポジション）がとても重要になる。足や腕が震えないような構え方をとる、あるいはその震えが銃に伝わらない構え方をすることで、照準のブレはかなり収まるはずだ。

### 指で引き金ごと引っ張る ガク引きという現象もあり得る

それでは、これ以外にブレを少なくする方法はないのだろうか？

「ブレが起こる原因としてよく挙げられるのが『ガク引き』という現象です。これは引き金を引くときに指に力が入りすぎてしまい、指で引き金ごと銃を引っ張ってしまう現象です。それまでしっかりと止まっていた照準が、引き金を引く瞬間にガクン！とズレる現象の多くは、引き金の引き方に

122

# トリガーの正しい引き方

### 正しい引き方

トリガーに第一関節をかける

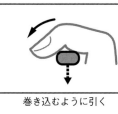

巻き込むように引く

### ガク引き

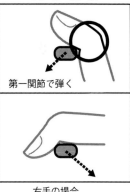

第一関節で弾く

右手の場合、
右方向に銃自体を
引っ張ってしまう

問題がある場合が多いです」（東さん）

　ガク引きは「トリガースナッチ」と呼ばれる現象で、多くの場合は指の関節で引き金を引いてしまうことで起こる。「正しい引き金の引き方」というのは、実はかなり話がややこしいもの。引き金の重さや遊び、形状などで大きく変わってくるため、一概にこれが正しいと説明はできない。

　しかし、一般的には上図のように「指先を丸めるように引く」のがいいとされている。ガク引きは自分では気づきにくいクセなのだが、気になる人はガンカメラで撮影してみるとわかりやすい。クレー射撃ではガク引きになるぐらい勢いよく引き金を引いたほうが、当たると言われることも多い。ここも動的射撃と静的射撃の大きな違いといえる。

　また、照準のブレについて井戸さんからは次のような回答を得た。

　「体の疲労も大きな原因になります。特に静的射撃では、呼吸による体の上下や脈拍などが射撃精度に大きく影響します。獲物を目の前にして興奮した状態では、呼吸や心拍数が上がってしまうので、メンタル的な要素も非常に重要になります」

　井戸さん自身、単独猟で山に入る際は心拍計の機能が付いた腕時計を装着し、自分の体の状態を把握するように心がけているという。静的射撃では射撃の技術だけでなく、体力やメンタル面のコンディションを管理、コントロールすることも重要な要素となってくる。

# 56

## ゼロイン調整した距離より標的が「近い・遠い」はどう判断？照準はどう変わる？

ANSWER

レンジファインダーを使うのが基本
ミルドットレチクルで測量も可能

遠距離から狙撃するためのゼロインの重要性については、再三説明してとおりだ。100mでゼロイン調整した場合、100m先で弾頭は照準の真ん中を通るし、50mでゼロイン調整すれば50mで真ん中を通る。

しかし、獲物は常にゼロイン調整した距離にいるとは限らない。たとえ100mでゼロイン調整していても、獲物の距離は100mよりも遠いこともあれば、近いこともある。「100mの距離まで近づく・遠ざかる」という狩猟スタイルもなくはないが、できれば獲物と対峙した瞬間に射撃に移れるのが理想だ。そこで、静的射撃で必要になるのが、獲物との距離の計測だ。距離の計測は狩猟免許試験でも行った目測でもある程度可能だが、獲物の大きさから距離感を把握するにはかなりの経験値が必要になる。

獲物との距離を計測するツールとして、佐藤さんはレンジファインダーをすすめる。「レンジファインダーは双眼鏡のような見た目で、覗いた状態でスイッチを押すと、獲物までの距離が視界上に数値で表示され

ます。目視よりも簡単かつ正確に距離の測量ができるので、特に距離の計測が重要になる空気銃猟ハンターにとって、必須アイテムといえるでしょう」

ひと昔前まではかなり高額で、安くても1台5万円、高性能のものは10万円以上した。しかし、近年はゴルフ用の安価なものも出回っており、価格も1万円ほどとリーズナブルだ。「安物は正しい距離が出ない」という意見もあったが、その場合はゼロイン調整をした射撃場でキャリブレーション（校正）すればいい。もしキャリブレーション機能が付いていなければ、ゼロインした100mの的をレンジファインダーが「85m」と計測したのであれば、そのレンジファインダーで猟をする間は「85mでゼロインした」と考えれば、実用上は問題なく使うことができる。

距離の計測に有用なレンジファインダーだが、井戸さんは次のように話す。「空気銃猟では有用ですが、スラッグで大物猟をするときは使っている余裕はありま

# ミルドットレチクルの使い方

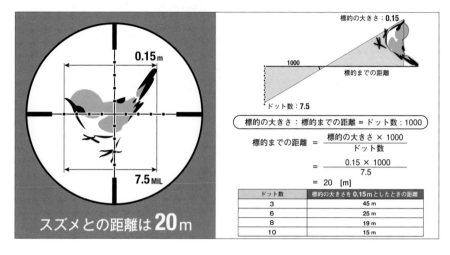

スズメとの距離は **20**m

標的の大きさ：標的までの距離 ＝ ドット数：1000

$$標的までの距離 = \frac{標的の大きさ \times 1000}{ドット数}$$

$$= \frac{0.15 \times 1000}{7.5}$$

$$= 20 \quad [m]$$

| ドット数 | 標的の大きさを0.15mとしたときの距離 |
|---|---|
| 3 | 45 m |
| 6 | 25 m |
| 8 | 19 m |
| 10 | 15 m |

せん。私が通う猟場は獲物と接近遭遇しやすいので、実際に山の中で待望の獲物を見つけてから、レンジファインダーを取り出して距離の計測をするのは面倒です。むしろ素早く獲物に照準を定めたほうが、はるかに捕獲率が高いと思います」

似たような状況の猟場で猟を行う東さんも、「そもそも木々が深く生い茂っているので、レンジファインダーを使っても正確に測定することは困難です」と話す。

## 獲物の大きさがわかっていれば
## 簡易的な距離が計測できる

では、スコープを覗いた状態で距離を計測する方法はないのだろうか。

「ミルドットなどの距離計測機能を持ったレチクルがあります。レンジファインダーほど正確な距離まではわかりませんが、少なくとも勘で射撃をするよりも、命中率は格段に上がります」（佐藤さん）

ミルドットレチクルにはレチクル上に点が打たれており、点と点の間隔はQ51でも触れた「1000m先の1m」を指している。たとえば、スズメが嘴から尻尾の先まで7.5ドット内に見えたとする。スズメの体長は約15cm（＝0.15m）なので、「xの距離で0.15mのスズメが、1000m先で7.5mに見えている」ことになり、このxを計算すると20mという値が出てくる。獲物の大きさがわかっていてミルドットレチクルを使えば、簡易的な距離の計測ができるというわけだ。

もちろん、実際の猟場では獲物を目の前にして分数の計算をする余裕はないので、「獲物がゼロインした距離で何ドットに見えるか」をあらかじめ覚えておき、そのドットよりも大きく見えれば「獲物はゼロインよりも近い」、遠ければ「獲物はゼロインよりも遠い」といった判断で利用されることのほうが多い。

# 57

## ゼロインよりも「近い・遠い」「撃ち上げ・撃ち下ろし」でどのように照準位置を変える？

**ANSWER**

遠い場合は下、近い場合は上
撃ち上げ・下げはどちらも下に補正

レンジファインダーないしミルドットレチクルを使って、獲物との距離を正確に計測できたとする。ゼロイン調整した距離ピッタリにいれば、これまでの解説どおり照準のど真ん中を狙えば、獲物に見事命中するはずだ。では、ゼロインよりも遠い・近い距離にいた場合は、どのように照準を補正すればいいのだろうか？

わかりやすいのは、獲物がゼロインよりも遠い場所にいる場合だ。ゼロインでは弾が落下する方向に移動しているため、獲物の頭上を狙えば落下中の弾を命中させることができる。対して獲物がゼロインよりも近い位置にいる場合は、ゼロインよりも手前を飛んでいる弾は上昇方向に移動している。つまり、ゼロインより近い獲物に対しては照準を下に向けて撃てばいい。

どの程度獲物の上または下を狙うのかは、弾速によって変わる。弾速が速ければ放物線が直線に近くなるため補正量は小さくなるし、逆に遅い弾頭だと放物線が大きくなるため補正量は大きくなる。実際に弾がど

のような弾道を描くかは、弾道特性表（バリスティックチャート）を描いて調べる必要がある。これについては最後に説明する。

さて、これまで解説したゼロインは、すべて照準を水平にした場合の話である。実際の猟場では獲物は狩猟者よりも高い位置または低い位置にいるため、照準を上に上げる（撃ち上げ）、または下に下げる（撃ち下ろし）状態で撃つことが多くなり、照準を補正しなければならない。

「撃ち上げでも撃ち下ろしでも、照準は下に補正します」と回答するのは東さんだ。意外に思った人もいると思うので、少し解説してもらった。

「100mでゼロインした銃を真上に向けて撃ち上げたとき、照準で見える弾の動きは銃身が照準よりも斜め上を向いているため、100m上空で弾は照準の中心の〝上〟を通ることになります。次に上空から真下に向けて撃ち下ろすと、同じく銃身は斜め上を向いているため、このときも照準の〝上〟を通ります。そして、真上・真下に向けた

スマートフォン用の
アプリでも弾道特性
を簡単に調べられる

照準を徐々に水平に近づけて発射すると、100m先のドロップは小さくなっていき、完全に水平になった状態で100m先のドロップは〝0〟になります。つまり、撃ち上げ、撃ち下ろしともに弾は照準の上を通るため、獲物に命中させるには照準を〝下〟に補正する必要があるのです」（東さん）

この話を数式で表現するとややこしくなるので割愛するが、要はドロップとは「照準の水平軸に対する〝重力の影響〟」を見ているわけだ。そのため、鉛直上に発射した弾は照準上では重力の影響は0に見え、水平に近づくほど重力の影響は最大に見える。しかし、実際はスコープはゼロイン調整で照準の水平軸に対して銃身を少し上に向けているため、鉛直方向の発射では銃身が傾いている分だけ弾は照準の上を通るというわけだ。

## 難しいことは考えずに
## 専用のアプリを使ってみるのも一案

もしこの説明がわからない人は、とりあえず東さんが言うように、「撃ち上げるときも撃ち下げるときも獲物のちょっと下を狙う」とだけ覚えておいてほしい。

これまでの説明では、空気抵抗や風による弾頭の漂流（ドリフト）などは一切考えずに解説しているが、実際の弾道は発射地点と到達地点の温度差や、地球の自転による慣性力（コリオリの力）もごくわずかではあるが、影響を与えるため非常に複雑になる。前時代における軍隊では「砲兵」が超エリート集団だったが、それくらい弾道計算とは専門的で難しい分野なのだ。

さて、これらの情報を踏まえて、弾道特性表をどのように描けばいいのか？　かつての狩猟者は手計算で方眼用紙にポチポチと点を打って調べていた。しかし、現代人にはパソコンという心強いツールがある。「私は弾道計算ソフトを使っています。このソフトは、使用する弾頭の種類などの必要情報を入力すると、弾道特性表を自動で生成してくれます。最近はスマホ用アプリもあるので、猟場でも簡単に弾道特性を調べることができます」（広畑さん）

弾道計算ソフトは、ホーク・スポーツオプティクスというアメリカの光学機器メーカーが「Chair Gun」を無料公開している。まずは慣れるためにも、試してみることをおすすめする。

# 静的射撃を上達させたい！
# 自宅でもできるような
# 練習方法があれば教えて

## イメージトレーニングと引き金の練習
## 猟場を知ることでイメージは鮮明に

　静的射撃の上達は、動的射撃と同様に射撃練習が何よりも重要になる。体のブレを極力少なくする構え方、呼吸の仕方、引き金の引き方、ベンチレスト射撃との精度差の比較の確認など、ひとつずつ丁寧に確認しながら練習に臨みたいもの。

　大口径ライフル射撃場はクレー射撃場よりもリーズナブルに利用できるが、それでもこのところの装弾価格の高騰もあり、足を運ぶハードルは上がっている。何か自宅でもできる練習方法はないのだろうか。

　「空撃ちで引き金を引く練習を行うといいです。壁につけた適当な印に照準をつけて、コッキングしたら据銃姿勢をしばらく保持し、引き金を引いてパチン！と撃鉄が落ちたらゆっくりと銃を下ろします。空撃ちをするときは、必ずスナップキャップ（空撃ちケース）という空撃ち専用の薬莢を使ってください。薬室に何も入れずに撃鉄を落とすと、撃針が折れる危険があります」と教えてくれたのは井戸さんだ。

　一方、東さんは次のようなことを意識して引き金を引く練習をしているという。

　「トリガーがどこで切れるのか、つまり遊びがどのくらいあるのかを、何度も試して体に覚えさせます。自分が『撃つ』と思ったタイミングと、実際に引き金が切れるのには微妙なタイムラグがあるので、このタイミングを体に覚え込ませるのです」

　東さんの話によると、獲物をたくさん獲る猟師ほど、日頃から引き金を引く練習を数多く重ねているのだという。

　「いつも安定して獲物を獲るベテラン猟師さんに、空撃ちケースを見せていただいたことがあるのですが、私が使っているケースとは比較にならないほど傷だらけで、自宅でもかなりの練習を積んでいることがわかりました。私も『見習わないとなぁ』と感心させられましたね」

### 悪いイメージを想定して
### 実猟に向けたメンタルを鍛える

　体の震えが照準に大きな影響を及ぼす静的射撃だが、体以上に重要なのがメンタル

空撃ちの際は必ず散弾銃のスナップキャップを使おう

面での影響だ。メンタルを鍛えることは簡単ではないが、東さんはこんな練習もしていると教えてくれた。

「引き金を引く練習をするときは、様々なシチュエーションをイメージしています。過去の猟の経験や撮影した動画なども使って、獲物に遭遇する地形、群れの数、逃げた場合はどこで止まるか、撃つ場所の位置やバックストップ、障害物など、できるだけ鮮明にイメージを固めていきます。そしてイメージができあがったら、ゆっくりと据銃して引き金を落とす練習を行います。このとき『よいイメージ』ではなく、限りなく『悪いイメージ』で行うのがポイントです。シカをイメージするなら見晴らしのいい場所で棒立ちしている状態ではなく、草や木に体が隠れている状態や、こちらを警戒していつ走り出してもおかしくない状態を想定してください。最悪のイメージで練習をしておけば、実際にそれよりもいい状態で獲物と出会ったときに、よりメンタルを落ち着けて射撃することができます」

確かに話としては理解できるが、実猟経験の浅いハンターは、そもそもイメージするだけの材料が乏しい。この点について鈴木さんは次のように話す。

「まずは猟場を歩きましょう。山を歩くだけなら猟期以外でもできますし、狩猟免許を取得する前でもできます。猟場を歩けば動物に出会うこともあるので、その状況をよく観察してください。ゆっくりと歩いて動物に近づき、逃げ出すまでの時間や距離を調べてみましょう。野生動物の動きは季節や時間帯、天気などでも大きく変化しますが、自分の足で歩くことでイメージトレーニングの材料が集まるはずです」

実際にベテラン狩猟者の中にも、猟期前には銃を持たずにひたすら山を歩くという人は多い。猟期から次の猟期までの約9カ月を、狩猟のための準備に充てるわけだ。

「山の道は倒木や崖崩れなどで毎年少しずつ変わるので、そのチェックも兼ねることができます。それ以上に自然の中を歩くのはとても楽しいし、猟に耐えるだけの体力と足腰をつくるのにも役立ちますから、一石三鳥です」（鈴木さん）

## 59

# ライフル銃の射撃はどう違う？
# 空気銃で動的射撃はできる？

ANSWER

> ## 弾速が遅く獲物が小さい空気銃は
> ## ライフル銃よりも射撃の難易度が高い

　Q26でも少し触れたが、ライフル弾頭が秒速約890mなのに対して、空気銃は秒速約270mである。この3倍以上の速度差は、静的射撃においても大きな違いを生む。

「弾速の遅い空気銃のペレットは、スラッグやライフル弾に比べてドロップが非常に大きく、軽さによって風の影響も強く受けます。さらに速度差は射撃の姿勢にも大きな影響を与えます。空気銃のペレットは銃身を進む時間が長いため、体のブレによる影響をかなり強く受けるからです。つまり、静的射撃は空気銃の立射が最も難易度が高く、逆にいえば空気銃の立射で自分の狙っている所に命中させることができれば、装薬銃の静的射撃は簡単だと感じるはずです。静的射撃をうまくなりたければ、空気銃の立射で的に当てる練習をしたほうがいいでしょうね」と井戸さんは言う。

　ライフル弾よりも弾速が遅いスラッグを主に使う近藤さんも次のように答える。

「スラッグでも50mまでなら、ドロップはあまり考えずに撃ちます。ただスラッグは100mを超えるとかなり減速するので、獲物を見つけても射撃はしません」

　空気銃とライフル銃のドロップを比較してみよう。銃身の位置（高さ1.6m）から腰の高さ（高さ0.8m）まで水平に発射すると、ライフル弾頭もペレットも0.4秒後には、腰の位置に弾が落ちていることになる。では、0.4秒後の距離を計算してみると、ライフル弾は311mに到達していることがわかる。人間の目線の位置から腰までの高さは、だいたいエゾシカの頭から心臓ぐらいの高さなので、ライフル弾ではたとえゼロインしていなくても、300m先なら水平発射で仕留めることができるわけだ。

　一方、空気銃では獲物の大きさがまったく異なる。眼前にいるヒヨドリの大きさは人間の目線からアゴの高さぐらいしかないため、空気銃を水平に発射したとしても、獲物を仕留められるのは27m以内という計算になる。つまり、ライフル銃と空気銃は弾速が速い・遅いだけでなく、狙う獲物

# 空気銃とライフル銃の弾速の違いによるドロップの差

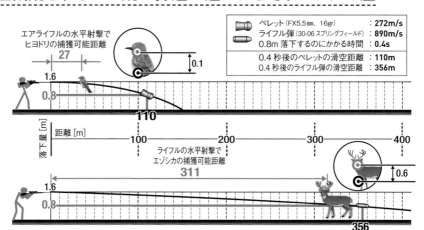

| | | |
| --- | --- | --- |
| ペレット (FX5.5mm、16gr) | : | **272m/s** |
| ライフル弾 (30-06 スプリングフィールド) | : | **890m/s** |
| 0.8m 落下するのにかかる時間 | : | **0.4s** |
| 0.4 秒後のペレットの滑空距離 | : | **110m** |
| 0.4 秒後のライフル弾の滑空距離 | : | **356m** |

が大きい・小さいということからも射撃の難易度が変わってくるわけだ。

## 空気銃は装薬銃より簡単だというベテランハンターの誤解

　弾速が速くドロップが小さいということは、Q57で述べたように撃ち上げ・撃ち下ろしの際にも照準のズレは小さくなる。もちろん、撃ち上げ・撃ち下げの角度が大きくなるほど差は大きくなるが、そもそもスラッグやライフルを使った大物猟では、崖の真上や真下を狙うようなことはまずない。しかし、空気銃での撃ち上げ・撃ち下ろしでは、猟果を決めるほどの大きな誤差となる。

　たとえば、距離50m先の木に止まっているキジバトを30度の撃ち上げで狙う場合、50mでゼロインした空気銃でペレットJSB Exact（重量1.03g）を秒速272mで発射したとする。この弾道をQ57で紹介した弾道計算アプリChar Gun Proに入

れて計算すると、着弾点は2.65cm上にズレるという計算結果が出る。つまり、キジバトの頭めがけて撃っても、頭1個分上を抜けて失中することになるのだ。

　空気銃の射撃は装薬銃に比べてはるかに難しいという事実は、意外にもベテランハンターのほうが知らないと佐藤さんは言う。「年齢や経済的な理由で装薬銃をやめ、空気銃で鳥猟をする人も増えてきています。そういったお客様の中には『これまでライフル銃でイノシシやシカをバンバン獲っていたのに、空気銃に替えてからはハトすら獲れなくなった』と困り顔をする人がいらっしゃいます。そういったお客様は大抵、『空気銃は装薬銃に比べて簡単な猟具だ』と誤解されています」

　最近のハイパワープレチャージ式空気銃は、十数年前の空気銃とはまったくの別物だ。たとえベテランハンターでも、これから空気銃猟を始める人は一から学び直すという気持ちが重要になるだろう。

# 60

## プレチャージ式の空気銃 残圧によって弾道はどう変わる？ 弾道が安定する圧力の調べ方は？

ANSWER

残圧が低いほどドロップは大きくなる
レギュレータで安定化が進んだ

100m先のカモやキジを仕留めることができるプレチャージ式空気銃（以下PCP）は、空気銃猟の花形としてシェアの拡大が続いている。「PCPの仕組みは『水を張った風呂桶』のようなイメージ」と佐藤さんが言うように、風呂桶の栓を少し持ち上げると勢いよく流れる水を、ペレットを発射する射出空気とイメージすればいいという。

「持ち上げた栓は水圧で引っ張られて栓が閉じ、水が止まります。PCPも同様に、開いた栓はシリンダー内の超高圧に押されて栓が閉じ、射出空気がストップします。この風呂桶の栓のようなものをPCPではバルブ、栓を引っ張る力を与えるものをストライカーといいます」（佐藤さん）

PCPは設計によって構造が異なるが、一般的にストライカーはバルブを叩くように動く。引き金が引かれるとシアーが外れ、装薬銃の撃鉄のようにストライカーが勢いよく前方に飛び出す。ストライカーがバルブを勢いよく叩くと、バルブは一瞬だけ開いて高圧空気が射出される。その後すぐにシリンダー内の高圧に押されて、バルブが閉じるというのが基本的な仕組みだ。

PCPはこのストライカーが「バルブを叩く・空気が射出される・バルブが閉じる」を繰り返すことで、200気圧という超高圧から、わずか1グラムのペレットを射出する適切な圧力を引き出しているわけだ。

「シリンダー内をより高圧にすれば、ヒグマも倒せるウルトラパワー空気銃も実現可能なのでは？」と考えるかもしれないが、それは勘違いにすぎない。もしシリンダー側の圧力を異常な高圧にしても、すぐにバルブが閉じてしまうため、射出圧を取り出すことはできまない。ストライカーを押し出すバネを超強力にすれば話は別だが、そうなると機関部が巨大になり、人間が銃として扱えるサイズには収まらない。

PCPを扱うとき、シリンダーに溜める気圧は高くても低くても問題があり、〝ちょうどいい気圧〟でなければならない。

「高すぎる気圧は先述のとおり問題があり

132

# プレチャージ式散弾銃（PCP）の概略イメージ

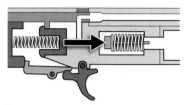

①ストライカーがバルブを叩いてエアが噴き出す

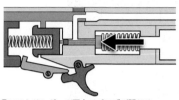

②エアシリンダーの圧力でバルブが閉じる

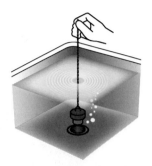

PCPのバルブが閉じる仕組みは、水を貯めた風呂桶の栓を引っ張ったとき、栓が水圧で引っ張られる現象に似ている

ますが、低すぎる気圧でも問題があります。風呂桶に少しだけ水が張られた栓を抜くと、ちょろちょろと水は出ますが水圧はありません。PCPも低すぎる圧力ではペレットを加速させる十分な圧力を得られず、最悪の場合は銃身内で停弾が起こります」と佐藤さんは説明する。

## レギュレータが付いたことで
## プレチャージ式空気銃がさらに進化

　PCPの最大の弱点は、シリンダー内の圧力で射出圧が変わることにあると佐藤さんは言う。Q26でも解説したとおり、弾の重量と推進力には絶妙なバランスが必要であり、PCPのシリンダー内圧によって推進圧が変わるという現象は、装薬銃で発射するたびに火薬量が変わっているという現象と同じで、あってはならないことなのである。

　しかし、このような問題もここ数年で起

きたイノベーションによって、もはや過去のものとなっていると佐藤さん。

　「近年のPCPには、レギュレータと呼ばれる部品が取り付けられています。これはシリンダーから流れてくる圧力を一定にする装置で、たとえばレギュレータを150気圧に設定しておけば、シリンダー内が200気圧でも180気圧でも、射出圧は150気圧に調整されます。レギュレータが付いたことでPCPは射出圧による弾道の変化という問題から解き放たれ、より扱いやすい猟具へと進化しています」

　PCPの進化は、現在進行形で進んでいる。これまでの日本の狩猟制度では、銃猟免許は第一種銃猟免許（装薬銃）に第二種銃猟（空気銃）が〝オマケ〟として付加される形でできていたが、それもいまや過去の話。これからはPCPの技術にアンテナを張り、その流れについていくといった姿勢がますます重要になっていくだろう。

CHAPTER
4

# 「大物猟」の疑問

# 61

## グループ猟である
## 巻き狩りとはどんな猟法?

ANSWER

集団で山を囲み獲物を追い立てて
逃げる獲物を待ち伏せして仕留める

　人類は30万年前から農耕が始まる1万年前までの間、いわゆる「狩猟採取生活」を営んできた。この「集団で協力して獲物を狩る」という行為は、現代人にもDNAとして刻み込まれており、そんな人間の本能に合う猟の形が、集団で猟を行う「巻き狩り」なのかもしれない。

　巻き狩りは複数人の狩猟者で山を囲み、獣道沿いに逃げてくる獲物を射撃する狩猟スタイルで、山を〝巻く（囲む）〟ことからこう呼ばれている。巻き狩りでは、獲物が逃げてくるのをただひたすら待っていても出会う可能性が低いため、数名の狩猟者が獲物を追い立てるようにして山の中を移動する。この役割を担うハンターが「勢子」と呼ばれ、待ち伏せして撃つハンターを「タツマ（タツ、マチ、ブッパなど複数の呼び方がある）」と呼ぶ。

　巻き狩りという猟法のやり方は、その土地の地域性や猟犬を使役するか否か、巻き狩りを行うグループ（猟隊）の伝統などによって異なるため、これが正しいという方

法論や勢子とタツマの割合分担などを、総論的に説明するのは難しい。ここでは本書の回答者である鈴木さんが所属する猟隊と、井戸さんの猟隊を例に、巻き狩りのやり方について見ていこう。

　「私の猟隊では、猟犬を使って獲物を追い出します。勢子役の人は猟犬を引いて山に入り、タツが全員配置についたことを確認してから猟犬を放ちます。猟犬は獲物の気配を察知すると大きな声で鳴きながら追跡を始めるので、タツマは獲物が、いつ、どの方向から逃げてくるか察知することができます。猟犬が鳴きながら獲物を追い立てる緊張感は、なかなかスリリングです。猟隊には様々な地域から参加しているため、とても家庭的な雰囲気です」（鈴木さん）

　「私がつきあいのある猟隊では、猟犬は使いません。メンバーの配置はあらかじめ決められており、猟隊長の命令があったら指定のポイントまでそれぞれが移動して待機し、次の指示があったら再び移動を再開します。つまり、このグループの巻き狩りは

巻き狩りでは猟隊長の指示のもとで動く必要がある

狩猟初心者に猟場の説明をする鈴木さん

とても家庭的な雰囲気で運営
されている鈴木さんの猟隊

全員が勢子でありタツマでもあります。こうしたスタイルになっているのは、メンバーの多くが仕事などでよそからきているため、猟犬を飼えないという理由が関係しています。猟隊には地元の人間が少ないため、巻き狩りに向いた一般的な山での活動がしづらいという事情もあります」（井戸さん）

どちらも同じ巻き狩りだが、猟隊の考え方やメンバー構成、そしてメンバーたちの背景などによっても、そのスタイルは大きく異なる。あくまでも「巻き狩りは多様性がある猟法」だということを、理解しておいてほしい。

## 猟犬を使役するかどうかによって猟場の地形にも影響がある

鈴木さんの猟隊のような「猟犬を主体にした巻き狩り」は、現在の日本では主流のスタイルである。猟犬主体の巻き狩りでは、猟犬がタツマの待ち伏せするエリアを抜けてしまったとしても、探しにいきやすいように比較的なだらか山で行われることが多い。猟犬を抑える人手も必要になるため、動きのいい若手メンバーを常に募集していることも多く、猟隊の雰囲気がアットホームなところも多いという。

井戸さんの猟隊のように猟犬を使役しない場合は、「高低差の激しい山で巻き狩りを行うことが多い」と井戸さんが言うように、山の地形にそれほど必然性はない。ただし、このような猟場では事故や遭難が起こりやすいため、完全な初心者を参加させてくれる猟隊は少ない。一定レベル以上の狩猟スキルを持つメンバーが集まる、エキスパート的な猟隊といえるだろう。

どのような猟隊に所属して、どのようなスタイルで巻き狩りをするかは、その人の考え方や好み、そして〝縁〟の要素で大きく左右される。これから猟隊を探そうと考えている初心者は、まず自分がどのようなスタイルで巻き狩りがしたいのかを、想像するところからを始めてみてはどうだろう。

# 62

# 巻き狩りを始めたいが
# 猟隊を見つける方法は？

ANSWER
## 猟友会の紹介や射撃場での勧誘が多い
## 銃砲店で紹介してもらえることも

巻き狩りを始めるには、まず猟隊を見つけなければならないわけだが、どんな猟隊に入るかで、その後の狩猟ライフに少なからず影響が出る可能性は高い。まずはしっかりと情報収集して、自分に合った猟隊を選びたいものである。

猟隊の見つけ方にはいろいろな方法があるが、最もわかりやすいのが「猟友会に所属すること」だと広畑さんは言う。

「猟隊は猟友会経由で紹介してもらうことが多いですね。猟友会の窓口となる支部猟友会は、地元に根付いた組織なので猟隊とのコネクションも強いです。支部猟友会は狩猟免許の受験申請の窓口になっていたりもするので、免許取得前から情報収集ができるというメリットもあります」

猟友会は狩猟者の共済事業や安全指導、地位向上などを目的とする組織で、その構造は大日本猟友会、都道府県猟友会、支部猟友会の3層構造となっている。支部猟友会は市町村単位で設置されていて、狩猟免許試験の申請や狩猟者登録などの手続きを

代行している支部猟友会もあるので、特に初心者はお世話になる機会は多い。

しかし、猟友会からの紹介には、注意しておかなければならない点もある。

「猟友会は狩猟者登録や共済を扱う組織であり、狩猟者を猟隊に紹介する機能があるわけではありません。私も初心者の頃、猟友会経由で猟隊を紹介してもらえないか相談しましたが、断られました」（井戸さん）

狩猟初心者によくあるのが、「猟友会が狩猟を行っている」という誤解だ。猟友会はいうなれば〝保険会社〟のような団体であり、特殊な例を除けば猟友会が主体となって狩猟を行うことはない。猟隊メンバーの多くが猟友会に加入していることから、「猟隊≒猟友会」と勘違いしてしまう人がいると思われる。もちろん、猟友会に加入していないメンバーから成る猟隊も存在するし、中には「猟友会と仲が悪い猟隊」も存在する。また、会員の高齢化により機能しなくなっている支部猟友会もあり、「猟友会に聞けば必ず猟隊を紹介してもらえ

る」という先入観が、猟隊を探すうえでの落とし穴になることもある。

## 猟隊がどう運営されているか情報を集めて確認するのも大切

　猟友会に頼らずに猟隊を見つける方法として、回答者の意見が意外に多かったのが、いわゆる〝口コミ〟によるパターンだ。「射撃場で一人で射撃練習をしていたときに、話しかけてきたのがいまの猟隊の猟隊長でした。『え？一人で狩猟やってるの？じゃあうちの猟隊にきてみる？』みたいな軽いノリでしたね（笑）。当時、私は単独猟をやっていて巻き狩りにはまるで興味がなかったのですが、実際に猟隊に入ってみたらおもしろくて、いまでは巻き狩りばかりをやるようになりました。メンバーの影響もあり、自分で猟犬を飼うようになりました」（鈴木さん）。

　また、ちょっと変わった形で猟隊を見つけたのが、井戸さんだ。
　「会社の食堂のおばちゃんに『狩猟をはじめた』という話をしたら、狩猟をやっているという知り合いを紹介してもらえました。完全に偶然ですが、いろいろな人に話しておくというのも案外、有効だと思います」
　一方、SNSを活用して猟隊の情報を見つけたというのが、千葉県在住の週末猟師である西山萌乃さんだ。
　「SNSで狩猟者グループの飲み会情報を探して、ダイレクトメッセージを送って参加させてもらい、少しずつ知り合いを増やしていきました。そのうちに、銃砲店の店主の人が仕切っている猟隊の巻き狩りに参加させてもらうようになりました」

　最近はFacebookやTwitterなどのSNSを通して猟隊を見つけるパターンは増えているし、多くのハンターが出入りする銃砲店には、巻き狩りの猟隊だけでなく様々な情報が集まってくるので、西山さんのように銃砲店ルートの活用も、ひとつの方法といえるだろう。

　このように猟隊を見つける方法は多岐にわたるが、「あまりガツガツしすぎないという姿勢も大事です」と井戸さんは言う。「巻き狩りでは、複数の人間が銃を持って山の中に入るため、よく知らない人をいきなりメンバーに加えることにはリスクもあります。もし猟隊に入ることを断られたとしても、その猟隊には猟隊なりのいろいろな事情があるということを理解して、次を探すくらいの余裕がほしいですね」

　なお、やっと見つけた猟隊だけに、入れてもらえただけでラッキーと思うかもしれないが、「どんな猟隊かをしっかり確認したほうがいい」と鈴木さんは指摘する。
　「まずは猟隊の決まりがしっかりしているかどうかを、確認をすべきだと思います。たとえば、猟果（獲った獲物）の分配が不平等だったり、猟隊の会費が異常に高かったりするという話も聞きます。しかも、集めたお金の使い道がよくわからなかったりすると、トラブルの原因にもなりかねません。こういった問題は外側からはなかなかわかりにくいので、たとえば会則としてルールが明文化されているようなら、安心だと思います」
　残念ながら、いまなお旧態依然とした慣習や暗黙の了解が残る狩猟の世界だけに、こうした自己防衛も大切なのである。

# 63

## 巻き狩りのタツマ
## 装備の注意点と
## 待ち伏せ場所の選び方は？

ANSWER

# オレンジベストを必ず着用し
# 獲物に察知されない場所で待ち構える

勢子に追い立てられて逃げてくる獲物を待ち構えて、仕留める射手が巻き狩りにおけるタツマの役割だ。このタツマをどのように配置するかを「タツマ配り」と言う。一般的には猟隊の責任者である猟隊長などから待ち構える場所の指示があるので、細かくはその指示に従って行動するのが基本となる。そんなタツマの注意点について、鈴木さんが教えてくれた。

「タツマはオレンジベストと帽子を着用するのが鉄則です。オレンジベストは遠目からでも視認しやすいので、猟場での誤射を防ぐといった安全上の効果があります。初心者の中には、あんなに派手な色だと動物に気づかれるのではと疑問に思う人もいるかもしれませんが、巻き狩りでターゲットとするイノシシやシカ、クマは、色覚が人間よりも劣っているので、赤系統の色がうまく判別できません。つまり、人間にとっては目立つ赤系統の色ですが、獲物には見えにくいという迷彩効果があります」

このオレンジベストや帽子は、猟友会に所属すると1年目に無料で提供されるが、機能やデザインが好みではないという人は、ハンターオレンジ、ブレイズオレンジ、オレンジツリーカモフラージュと呼ばれるベストが市販されているので、それを購入してもいい。鈴木さんによると、さらに次のような装備上の注意点があるそうだ。

「真冬の山でジッと獲物を待っていなければならないタツマにとって、防寒対策は欠かせません。冷えは地面から足を伝ってジワジワと上がってくるので、厚手の靴下を履いて足先に使い捨てカイロを入れる人もいますが、低温やけどには注意が必要です。タツマはあまり動かないので、下着は発熱素材のものがおすすめです。首元にネックウォーマーなどを着用するのも有効です。引敷と呼ばれる尻の下に敷く毛皮を、腰に巻いている猟師もいます。タツマは地面に座って待つことが多いので、寒気を遮断できるものを一枚敷くだけで、体力を奪われずに済みます。毛皮の引敷が手に入らなければ、釣りなどで使われるヒップガードで

も代用できます」

余談だが、腸が弱い人は寒さのせいでお腹が痛くなってくることもある。装備には必ずティッシュペーパーも入れておき、いざという事態に備えておきたい。

## 場所の指示はザックリなので
## どこに座るかはタツマが判断する

必携となる細かな装備については、猟隊から指定されるケースもあるが、鈴木さんによると「猟犬の引き綱は必ず持っておくべき」とのことだ。

「タツマには、猟犬がエリアを抜けそうになったときに制止して綱をかけるという大事な役割もあります。猟場では、いつ誰が猟犬を止める役割を担うのかわからないので、引き綱は全員が持っておくべき装備です。あとはトランシーバーも必需品です。猟隊メンバーとの連絡には無線機を使うのが一般的です。無線機にはアマチュア無線機とデジタル簡易無線機の2種類ありますが、どちらを使うかは猟隊によります。当猟隊は近隣に他猟隊が多く存在するため、混線しにくい秘話モードが使えるデジタル簡易無線機を使用しています」

では、タツマとして待ち伏せする場所を選ぶポイントとは、どのようなものだろう。タツマ配りは猟隊長などが行うと前述したが、多くの場合は「ザックリとしたポイントと射角（射撃してよい方向）」が指示される程度なので、実際の猟場でどこに座って待ち構えるかは、タツマであるハンターに判断が委ねられている。

猟隊に面倒見のいい先輩ハンターがいれば、「ここに座って、この位置を狙って、

このタイミングで引き金を引くように」と、手取り足取り教えてもらえることもある。そんな猟隊なら、ありがたくアドバイスに従ってポジションを固めればいい。

「私はまずバックストップがあることを確認して、待ち構える位置を決めます。バックストップがある方向で、地面に残された獲物の足跡や糞の落ち方などを調べて、おそらく獲物が逃走に使うであろうと思われる獣道を狙う位置につきます」と広畑さんは説明する。巻き狩りでは複数の狩猟者が同じ猟場に散らばっているため、何よりも流れ弾をつくらないことに最大限の注意を払わなければならない。たとえ獲物を外しても、その弾が地面などに命中するようにポジションをとる必要性がある。

「風向きにも注意が必要です。風上に座っていると、風に乗ってニオイや音が獲物に伝わりやすいので、タツマを抜けられる可能性が高くなります。ポジションを決める際は、草木を刈って視界を拡げたりはしません。巻き狩りでは『獲物が走って逃げてくる』と考えがちですが、特にイノシシは実際には猟犬や人間のニオイを遠くから察知しながら、ゆっくりと歩いてくることも多いのです。なるべく獲物に自分の気配を察知させない工夫も必要です」（近藤さん）

つまり、獲物もこちらに気づかれないように、忍び足で移動しているということだ。突然、目の前にシカが現れることもあるので、タツマは常に周囲を警戒して、獲物のニオイや音などにも気を配ろう。なお、一旦持ち場を決めたら、猟隊長からの「タツマ解除」の連絡がない限り、勝手に持ち場を離れて動き回るのは厳禁だ。

# 64

# 猟犬を引いて移動しながら
# 獲物を追い立てる勢子
# 動き方のコツや注意点は?

**ANSWER**

## 猟場と猟犬のことを熟知して
## 無線を使って密に連絡を取り合う

猟犬を使うかどうかで勢子の動き方は大きく変わる。猟犬を使役しない勢子は「人勢子」と呼ばれ、太鼓などの鳴り物を鳴らして獲物を追い立てることもあるが、ここでは猟犬を使役する勢子について解説する。

30代ながら猟隊では勢子を務める鈴木さんに、勢子の装備について聞いた。

「勢子はタツマと違い山の中をひたすら歩き続けるので、防寒よりも山での機動性を重視した服装が基本です。タツマは装備類をリュックに入れて持ち運ぶことも多いのですが、勢子は移動中に肩ひもを木に引っかけて転んでしまう危険性が高いため、ベストのポケットに収納したほうがいいですね。私はMOLLのチェストリグという胸に装備を収納する道具を使っています。体に密着するので移動の際も邪魔になりません。あとはオレンジベストも必ず着用します」

MOLL（モール）とは、アメリカ軍が採用している個人装備システムだ。MOLL規格でつくられたベストには、同じくMOLL規格でつくられた様々なポーチ類を装着可能。鈴木さんはユーティリティポーチのほか、水筒のポーチ、装弾ポーチ、無線機のポーチなどが取り付けているが、すべての装備を胸周りに集めることで操作性もいいそうだ。MOLL規格のポーチは見た目のデザインも格好いいし、種類も豊富だ。

縦横無尽に山を動き回る勢子だけに、足まわりの装備も重要になると鈴木さん。

「私は林業従事者がよく着用しているスパイク付きの山足袋を履いています。山の土は水分を含むと滑りやすくなるし、木の根っ子や岩肌なども濡れると危険ですから、滑り止めが付いた靴がおすすめです」

初心者の中には登山靴を履く人もいるが、このような靴は登りと下りに特化した構造なので、複雑な地形の山中を歩き回る用途には適さない。また、スニーカーのようなローカットの靴は足首が保護されていないため、捻挫しやすい。落ち葉や小枝、小石などが入ると煩わしいので、ハイカットかそれ以上の長さのものを着用するか、靴の

上からスパッツを着けたほうがいい。

## 勢子に求められるのは
## 猟場、猟犬、無線連絡という3要素

　鈴木さんの話では、勢子には大きく次の3つの要素が求められるという。

　「まず猟場のことを知っておく必要があります。勢子は猟場の中を歩き回るため、タツマがどこにいて、どの方向を向いて配置されているのか、すべて頭の中に入れておかなければなりません。万が一タツマの射角に入ってしまうと誤射の危険が高くなるので、猟場の地理や地形を覚えることは勢子の必須事項になります」

　狩猟者の中にはオフシーズンであっても山の中を歩く人が多いので、猟場に猟隊以外の人間がいる可能性はゼロではない。そうした可能性も含めて、獲物が出やすい場所、獲物が逃げていくルートなどの判断材料を得るという意味でも、猟場の情報はなるべく多く持っているに越したことはない。事実、猟場の知識に長けた勢子がいる猟隊は、総じて高い捕獲率を誇っている。

　鈴木さんによると、次に大切な要素が猟犬を知ることだと言う。

　「猟犬は犬種やその犬の個体差、性格によって、動き方がまったく異なります。そのため、猟犬たちがどんな動きをするか、その犬特有の癖があるかなどを、しっかりと把握しておく必要があります」

　巻き狩りには様々な犬種の猟犬が使役されるが、鈴木さんの猟隊では主にプロットハウンドという犬種を使っている。この犬種は獲物をロックオンすると、ひたすら獲物を追い続けるという特徴を持っており、

巻き狩りには最適な犬種だ。ただし、猟場から逆走して獲物を追ってしまうと、その時点で巻き狩りは中断になる。猟隊の貴重な時間をムダにしないためにも、勢子は猟犬が獲物の存在を認識してから解き放ち、タツマが待機する方向に追い立てるように猟犬をコントロールしなければならない。

　「そして3つ目が、無線連絡を密に取ることです。勢子は猟犬に取り付けたGPSの情報を見ながら、猟場を移動していきます。猟犬の動きは追跡している獲物の動きでもあるので、この情報はとても大切です」

　猟犬を放った後の勢子は、ただブラブラと山を歩くわけではない。猟犬に取り付けられたGPSは山陰に隠れるとロストするため、この電波を切らさないように移動し続けなければならないのだ。猟場で猟犬の位置（≒獲物の位置）をリアルタイムで知ることができるのは勢子だけなので、勢子はこれらの情報をなるべく密に猟隊員に発信し、猟隊全員がゲームの進行を把握できるように努めなければならない。

勢子のときの鈴木数馬さんの装備

# 65

## 単独猟と呼ばれる猟法は
## どんなやり方で狩りをするの?
## 猟犬を使う単独猟も知りたい

ANSWER

### 人間がひとりで行う猟法の総称だが
### 猟犬を使役して行う人も多い

集団で行う巻き狩りに対し、ひとりで山に入って行う猟法を「単独猟」と呼ぶ。獲物の捕獲率は上がるものの、巻き狩りには集合時間や猟法、装備などの〝縛り〟があるため、狩猟スタイルの自由度は必然的に小さくなる。そんな事情もあり、最近は猟隊に入らずに単独で大物猟を行う人も増えているというが、現実はどうなのか。

実は「単独猟」という言葉に正確な定義があるわけではない。たとえば複数人のハンターで山に入っても、それぞれが勢子やタツマという役割分担せずに、勝手に猟をやればそれも単独猟に含まれる。また、ひとりの狩猟者が猟犬を使役して行う猟も単独猟であり、自動車で林道を移動しながら獲物を探し、発見したら車から降りて撃つのも単独猟になる。

ここでは「猟犬に獲物を探索させて銃で仕留めるスタイル(探知犬猟)」、「猟犬を使役せずに人間ひとりで猟場に入るスタイル(忍び猟)」、「車両で移動しながら獲物を見つけるスタイル(流し猟)」の3つを単独猟として定義し、話を進めていく。

まず、猟犬を使役する単独猟では、ひとりの人間が複数頭の猟犬を連れて山に入り、猟犬が獲物の気配を察知したら、リードを解放して獲物を追わせる。猟犬たちは獲物に追いつくと、嚙みつきや吠えることで獲物の足止めを行うので、狩猟者はすぐに現場に駆けつけて銃で仕留める。この猟法では、「猟犬の習性が猟果を大きく左右する」と話すのは佐藤さんだ。

「甲斐犬や紀州犬など〝日本犬〟と呼ばれる犬種を使う狩猟者が多いのは、これらの犬種はプロットハウンドのような犬種よりも足が速く、追いついた獲物の耳や足に嚙みついて引き倒すという猟芸を持っているからです。プロットハウンドよりも持久力はありませんが、この習性が幸いして獲物を深い追いすることもありません。隣の山も越えて獲物を追いかけていくプロットハウンドと違い、追いつけないと感じたらすぐに狩猟者のところに戻ってきます」

この犬種による違いは、訓練方法という

単独猟でイノシシに嚙みつく猟犬たち

よりもDNAに刻まれた本能によるところが大きい。特に日本犬の場合は、古くは縄文時代からイノシシやシカ、クマ猟に使役されてきた歴史を持つ。現在の法律では、銃を所持しない状態で猟犬に獲物を襲わせるのは禁止猟法だが、かつては猟犬に獲物を嚙み殺させる狩猟も行われていたという。

## 犬との信頼関係で行う単独猟が一銃一狗という狩猟スタイル

こうした理由から、一般には不可能と思われているプロットハウンドでの単独猟だが、鈴木さんは次のように話す。

「人間ひとりとプロットハウンド一頭で、猟をしている先輩ハンターがいます。こういう狩猟スタイルを〝一銃一狗〟と呼びますが、この狩猟スタイルは決してそれが効率的だからやっているわけではなく、猟犬の動きや獲物の動きを読むための〝勘〟を養うための訓練でもあるそうです。もちろん、犬との信頼関係が必要なので、誰もがマネできる猟法ではありませんが」

この一銃一狗は、単独猟における理想的な猟法のスタイルとしても知られているが、とても一朝一夕にできるものではない。

「一銃一狗による猟法のひとつに、イノシシの〝寝屋起こし〟という方法があります。これはイノシシが潜んでいる寝床に猟犬をかけ、興奮して飛び出してきたイノシシを射撃する猟法です。また、シカの場合は猟犬に狩猟者の前まで獲物を追い立てるように移動させて撃つ方法があります。一銃一狗は効率の面では単独猟の最高峰と言えますが、猟犬がその資質を持っているかどうかを子犬のときに見抜く目が、狩猟者には必要になります」と佐藤さんは言う。

人間と猟犬が共同で狩りをするためには、狩猟者が猟犬のことを知るだけでなく、猟犬が狩猟者を信頼していることもとても重要だ。強い信頼関係が構築されてこそ、レベルの高い単独猟が可能になるわけだ。

なお、単独猟で起こる事故やトラブルはすべて自己責任となることも、しっかりと頭の中に入れておいてほしい。

# 66

# 流し猟って
# どんな方法で狩りをするの？
# 獲物を探すコツを教えて

ANSWER

## 車で猟場を移動しながら獲物を探す
## 経験値の高さが求められる猟法

猟犬を使役しない単独猟のひとつ「流し猟」は、最近人気が高まっている狩猟スタイルでもある。そもそも流し猟とは北海道でのエゾシカ狩りを意味しており、広大で見晴らしのよい猟場を車で移動しながら獲物を見つける、いわゆる〝サファリハンティング〟のようなスタイルを指す言葉だった。ところが、近年の野生鳥獣の急速な増加により、本州の里山にも獲物が多く出没するようになったため、里山の中を縫うように走る林道を移動しながら、道路近くに出てくる獲物を射撃する猟法として確立されつつある。

流し猟で獲物を見つけるためには、獲物が林道付近まで出てきていなければ話にならない。まず東さんの回答を紹介しよう。

「流し猟でメインターゲットとなるシカは夜行性と思われていますが、実際は明け方と夕方に活動する薄明薄暮性という習性を持っています。つまり、食餌などのために最も活発に動くのが、日の出と日の入りの前後2〜3時間後くらいなので、この時間帯に林道付近にもよく現れます。私もこの時間帯しか流し猟はやりません」

ただし、この時間帯には前日や当日の天候によって幅があると東さんは言う。

「特に雨の日は警戒心が緩むのか、昼前までシカがウロウロしていることもあります。こういう日は、流し猟の時間を延ばすといった調整を行います。また、満月で雲がない夜は深夜でも薄明るいので、夜中に動き回るシカも多いですね。この場合は日の出を待たずに早々と山に帰ってしまうので、その日の流し猟は短めにしています」

## 探索範囲の広さはメリットだが
## 猟師としての勘を養うには不向きか

「流し猟」という語感の〝軽さ〟のせいなのか、ベテランハンターの中には「適当にドライブしているだけで狩猟ではない」と断じる人もいる。しかし、東さんは「流し猟は意外と簡単ではない」と話す。

「動いている車内から木々に隠れた獲物の姿を発見するには、かなりの慣れが必要で

上の写真にシカが映っているのはわかる
だろうか？このような画像を移動しなが
ら獲物を見つけるのが流し猟の難しい点

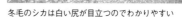

冬毛のシカは白い尻が目立つのでわかりやすい

す。通常、獲物の姿をハッキリと目視する
ことはできないため、獲物のシルエット、
体の特徴、季節によって変わる体毛の色な
どをよく理解しておき、風景の中に潜む違
和感を瞬時に捉えなければなりません」

　人間の目は、動いているものを瞬時に察
知するという特徴を持っているが、逆に言
うと視界全体が動いている状態では、止
まっているものを探すのはとても難しい。
人間が動いている状態から何かを発見する
能力は、せいぜい時速9km程度なので、ラン
ニングの速さが限界とされている。移動
する車上から獲物を見つけるには、動体視
力よりも姿や形をパターン化しておき、目
から入ってきた画像と照合していく頭の回
転が重要になる。このパターンをいくつつ
くれるかは、動物の生態的特徴を知ってい
るだけでなく、経験値がモノを言うわけだ。

　さらに東さんは、流し猟のもうひとつの
難しさについて次のように話す。

　「たとえ獲物を発見できたとしても、どの

ように射撃をするのかを考えなければなり
ません。日本では車上からの発砲は禁止さ
れているため、獲物に気づかれないように
車から降りて、発射可能なポイントまで移
動し、銃を取り出して照準をつけなければ
なりません。私は獲物を発見したら、車を
獲物の手前で止めるか、通り過ぎてから止
めるかを瞬時に判断します。そして、エン
ジンをかけたまま排気音に紛れてそっと車
を降りて、足音を消しながらゆっくりと近
づいてポジションにつきます」

　とかく〝気楽な猟〟と思われがちな流し
猟だが、実際にはかなり高度なスキルが求
められる狩猟スタイルなのは間違いない。
「私は駆除をメインに狩猟をしているので、
探索範囲が広い流し猟には効率的ですが、
あまり流し猟ばかりやっていると、猟師と
しての勘が鈍ってくるような気がします。
流し猟と忍び猟をセットにすることで、効
率追求と猟師の勘を養うことを両立させる
ようにしています」（東さん）

# 67

## 忍び猟って
## どんな方法で狩りをするの?
## 必要な装備も教えて

忍び猟のやり方は人によって様々
装備の軽量化を図る工夫も必要

次の単独猟は「忍び猟」である。これは渉猟とも呼ばれる猟法で、猟場を歩き回って獲物を探し、獲物を発見したら銃で撃って捕獲する。非常にシンプルなスタイルだが、シンプルだからこそ手法は多様であり、忍び猟には個人個人の狩猟スタイルが色濃く反映すると東さんは話す。

「忍び猟をしている人と話をして感じるのは、私も含めて本当に皆さんいろいろなスタイルを持っているということです。おそらく忍び猟には、これが正しいという正解はありません。もし忍び猟に興味があるのなら、まずは他の人のスタイルを学びながら、自分なりのスタイルを模索していくことが、一番の近道ではないでしょうか」

忍び猟については、東さん、井戸さん、佐藤さんの3名から回答を得たが、そのスタイルはまさに三者三様という印象だった。しかし、それでも共通した点はいくつかあり、そのひとつが「自分のお気に入りの猟場を探す」というものだった。

「私にはいくつかの気に入った山があり、

そこを主な猟場にしています。獲物がいるかどうかはさておき、とにかくその山に入って獲物の痕跡を探しながらルートを巡回します。ただ、いつも同じルートを通るのではなく、毎回ルートは少し変えるようにしています。少しずつルートを変えて歩いていると、自分がよく知っているポイントにいつもとは逆方向から出ることもあります。予期せぬ裏道を発見したみたいで、ニンマリしてしまいます」(佐藤さん)

「私も自分がよく知っている猟場をいくつか決めています。どの猟場に入るかを決める際、獲物の痕跡を探してストーキングしたりはしません。どちらかというと、その日の気分と雰囲気で決めていますが、同じ山でも入るルートは一定にはしません。風上から入っていくと音やニオイが獲物に察知されやすいので、なるべく風下から入れるルートを選んでいます」(井戸さん)

「入る猟場はいくつか目星をつけています。私の場合は早朝に流し猟をしてから、その日の獲物の気配が濃そうな猟場を選んで

148

東さんの忍び猟の風景

ルートを決めています。もちろんそれでも空山（獲物がいない山）を引くことがあるので、同じ猟場でも5分で引き返すこともあれば、2時間ぐらいかけてじっくりと歩くこともあります」（東さん）

## 獲物がいそうな場所の情報を自分なりに蓄積することも大切

忍び猟の猟場決めで、あまり獲物の痕跡を気にしないという井戸さんだが、それでもある程度は獲物がいそうなポイントを絞り込んで、判断材料にしていると話す。

「イノシシの寝屋などは、毎年同じ場所につくられることが多いですね。以前、忍び猟で入った山でイノシシが寝ているのを見つけて捕獲したのですが、翌年もその次の年も近い場所にイノシシが寝屋をつくっていました。こうしたポイントを何カ所か見つけたので、忍び猟でその猟場に入るときはなるべく寄るようにしています」

シカの場合はある程度の広さのエリア内を群れで移動しているため、特定の時間帯や場所に必ずいるという状況はなかなかない。しかし、東さんの話によると「シカが反芻するポイントや群れで出てくるポイントは、ある程度決まっています」という。忍び猟ではむやみやたらに山を歩き回るよりも、こういったポイントを確保していくことも重要になってくるということだ。

最後に、忍び猟の装備についてだが、単独で猟を行う以上、自己完結型が基本となる。必然的に装備の量も増えるため、いかに軽量化するかが重要になってくる。そこで3名の回答者が上げてくれたのが、勢子の装備として紹介したMOLLシステムで設計されたベスト、バンダリア（肩から斜めにかけるベルト）、腰ベルトなどだ。

ポーチに入れる必需品としては、銃所持許可証や狩猟者登録証に加え、スマートフォン、飲料水、行動食、非常用ライト、非常用電源など。単独猟では滑落や落石によるケガで動けなくなると、命にかかわる危険もある。軽量化を図りつつも、最悪の状況を想定しておくことも大切だ。

# 68

## 忍び猟での獲物への近づき方
## 気づかれないようにするには
## どのように歩く？

ANSWER

## 歩き方を工夫して足音を消す
## 衣擦れや金属音にも注意が必要

忍び猟は文字どおり〝忍ぶ〟猟である。当然だが、山の中でバタバタと歩いていては、遠くにいる獲物にこちらの存在を気づかれてしまう。忍び猟では獲物を発見する以前から歩き方に注意し、足音を出さないように行動しなければならない。とはいえ、山の中で完全に足音を消すことなどできるとは思えない。地面のあちらこちらに枯れ草や枯れ枝が落ちていて、一歩踏み出すだけでパリパリバキバキと音が鳴る。おまけに、そんなに慎重な歩き方をしていたのでは、いつまでたっても歩みが進まない。

この質問に対して、東さんと井戸さんはそれぞれ違う回答を出した。

「獲物の気配が薄いか濃いかによって、歩き方を変えるようにしています。獲物の気配が薄そうなら、息が上がらない程度の速さで歩きます。ただし、歩き方が緩やかになるように意識して、落ち葉の上ならじわりと体の重心が移動するようにして足を出します。落ち葉を踏みしめる音はなるべく一定になるようにして、〝風で揺れる落ち

葉の音〟をイメージします」と話すのは井戸さんだ。このとき、腕の心拍数を見て疲労度を判断することもあるそうだが、これは静的射撃のときに呼吸によって体が上下するのを防ぐ意味もあるという。

「獲物の気配が濃いと感じたら、歩き方をフォックスウォークに変えます。これは5〜10mほど歩いたら、数分間その場に立ち止まって周囲の状況を確認する歩き方です。枝を踏んでバキッ！と大きな音が出てしまったときも、同様に足を止めて長めに止まるようにしています」（井戸さん）

このフォックスウォークとは、歩幅（ストラドル）を狭くして1本の線上を歩くような足運びのことだ。足の裏を地面に着けるときは、つま先の外側（小指側）からゆっくりと地面に着けて、「つま先全体→かかとと足全体」に体重を乗せていくイメージだ。フォックスウォークはその名のとおり、捕食者であるキツネが獲物に近づくときの足運びであり、日本では忍者の歩き方、いわゆる「忍び足」として知られている。

## 音を出さずに歩けるように
## 普段からトレーニングするのも大切

　対して東さんの回答を見ていこう。
「私は歩いたり立ち止まったり、ある程度
は不規則です。森の木々の動きに溶け込む
ようなイメージですね。ただし、足装備に
は気を使っています。狩猟者の間ではスパ
イク付きの山足袋がよく使われていますが、
このような靴を履き続けると足裏の感覚が
鈍くなるので、枝などを踏んで大きな音が
出てしまいます。私は靴底が薄い軽量作業
靴を履いています。個人的に最も足音が出
ないと思ったのは、ネオプレーンという柔
らかな素材でできたマリンシューズでした。
ただ、この靴は地面が濡れると非常に滑り
やすいのでおすすめできません。ネコのよ
うに足先に柔らかい肉球が付いた靴があれ
ば便利なのにと思いますね」
　音を出さないために、東さんは服装や装
備の素材にも気を使っているという。
「服装はフリース素材を利用しています。
ポリ系の素材は動くとカシャカシャと衣擦
れする音が出るので、忍び猟ではなるべく
避けるようにしています。服やリュックな
どには、ピーチスキンと呼ばれる産毛（うぶげ）が付
いた素材があるのですが、これらは衣擦れ
がほとんど出ませんが、残念ながら狩猟用
の商品は日本ではほとんど流通していませ
ん。あとは銃の負環（スイベル）などの金
属部品には、ビニールテープを巻いて音が
出ないようにしています。これまでの経験
からいうと、獲物は落ち葉を踏むような音
よりも、カチャカチャという金属がぶつか
る音に強く反応しやすいと思います」

# フォックスウォークの実践

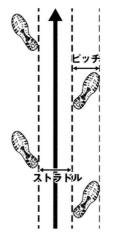

現代人の足運び　　フォックスウォークの
　　　　　　　　　　　足運び

獲物に違和感を感じさせ
ないためにも、足の角度
開き（ピッチ）と、両足
の間隔（ストラドル）を
ほぼなくす〝0ピッチ0
ストラドル〟という歩き
方で、歩幅も通常の1/3
程度にする

脱力して静かに足を地面に
着くときは、自然と足裏の
外側が最初に地面に触れ、
それから内側に向けて体重
を移動させていく

　忍び猟の歩き方で気にすべきポイントは、
やはり〝音〟だ。いつも足元ばかりに注意
を払うわけにもいかないが、普段から音を
立てない足運びができるように、意識して
歩くトレーニングも必要そうだ。

# 69

## 獲物の痕跡には
## どのようなものがある?
## 痕跡を見るポイントは?

ANSWER

### 足跡、糞、ヌタ場、寝屋
### まずは獲物ごとに痕跡の種類を知る

野生動物の足跡、糞、ヌタ場(体のダニなどを洗い落とすための泥場)、寝屋などの痕跡を総称して「フィールドサイン」と呼ぶが、こうした情報を見つけて猟の材料として活用することは、空山を引くと猟隊全員が待ちぼうけを食らう巻き狩りにおいては、特に重要と言われる。もちろん、忍び猟でも新しいフィールドサインが見つかれば、周辺に獲物がいる可能性が高いということになるのだが、これはあくまでも参考情報だと井戸さんは言う。

「新しい痕跡が見つからないからといって、まったく知らない山に入るというのはリスクが高すぎます。痕跡の有無の確認は、あくまでも猟場に入ってから、その日の獲物の濃さを確認する参考情報といったものだと私は位置づけています」

猟法による重要度に違いはあれど、フィールドサインはハンターなら知っておきたい知識である。数ある痕跡の中でも、足跡を重視するというのが広畑さんだ。

「私はまず足跡をチェックします。新しい足跡ほど表面の泥が乾いておらず、湿り気があるのが特徴です。また、周囲の踏まれている草を見て、折れ口や切り口がみずみずしければ、新しい足跡である可能性が高いですね」

足跡を見る際は、経過時間だけでなく獲物の種類も特定したい。大物猟で狙うイノシシとシカは、どちらも蹄行性(ていこうせい)と呼ばれる2本の大きな蹄の跡が特徴なので、パッと見では両者の区がつかないこともある。イノシシの蹄のほうがやや丸みがかっていて、シカは蹴爪(2本の蹄の後ろにある方の足指)がイノシシに比べて高いところにあるため、地面が固いと蹴爪の跡が付かないことが多い。比較的固い地面に4本の蹄が残されていれば、高い確率でイノシシの足跡と判別できる。

### 酷似しているため判別が難しい
### シカとカモシカの糞

「忍び猟でも、落ちている糞の新しさは確認します。シカは移動しながら糞をポロポ

ロと落とす習性があるので、どの方向に落ちているかは追跡の材料になります。私が初めて忍び猟でシカを獲ったときは、新しい糞を見つけたことが大きな判断材料となりました」と話すのは井戸さんだ。シカは俵型の小粒の糞をポロポロと落とすが、非狩猟獣であるカモシカの糞と酷似しているため、ベテランハンターでも間違えるほど判別が難しい。カモシカには同じ場所で糞をする「溜め糞」という習性があるので、一カ所に大量に糞が溜まっている場合はカモシカである可能性が高い。

一方、イノシシの糞は不定形であることも多いが、モリモリとした糞が固まった状態で落ちていることが多い。イノシシの糞を見つけたら、枝などでつついて内容物を確認することも重要な情報源になる。栗の鬼皮、柿の種などの内容物が見つかれば、栗の木や柿の木が多い里山外縁に寝屋をつくっていることが多い。

ヌタ場と寝屋も重要なフィールドサインだ。ヌタ場は1年を通して同じ場所にできることが多いので、獲物の存在を絞り込むいい判断材料になる。ヌタを打った後、イノシシは木に泥を擦り付けながら移動する習性があるため、泥の乾き具合でおおよその通過時間を判別することも可能だ。

寝屋についてはQ67で紹介したように、異なる個体が同じ場所につくることが多い。寝屋はヤブの中など見通しが悪い場所に多いが、高い場所からは双眼鏡で観察できるので、視界の開けた尾根に登ったときには谷合を広く観察してみるといいだろう。

「シカが反芻のために集まるのは、開けた草地が多いです。おそらくすぐに逃げられ

るというのが理由だと思いますが、高台から銃で狙えれば、こうした場所は絶好の狙撃ポイントになります」(東さん)

## イノシシとシカの痕跡

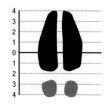

イノシシ　　　　　ニホンシカ

イノシシの糞

シカの糞

# 70

## 巻き狩りや単独猟の猟場で
## 他の狩猟者とバッティングしたら？
## 防ぐ対策はある？

ANSWER

## 巻き狩りは猟隊同士で取り決めを
## 単独猟ならコミュニケーションを重視

日本の狩猟制度は「乱場制」とも言われており、鳥獣保護区や休猟区、住宅密集地、寺社境内や墓地、都市公園、柵などで囲われた土地といった特定の場所を除けば、狩猟を行うのに行政への許可や届け出を必要としない。このような制度は世界的に見てもかなり珍しく、問題にされることもある一方で、巻き狩りや単独猟、忍び猟といった複数の狩猟文化が形成される大きな要因ともなっている。

とはいえ、狩猟における山野の利用が野放図になっているわけではない。多くの場合、その土地の所有者や利権者と狩猟者、または狩猟者同士の間で、ある程度の了解が得られており、それ以外の狩猟者が入れないようにする圧力を生み出している。これがいわゆる〝ナワバリ〟である。「ナワバリ」と聞くと嫌な顔をする狩猟者も多いが、先述のとおり、どこからやってきたのかわからない狩猟者が銃を持って歩き回るというのは、地元住民にとっては恐怖であり、不特定多数の狩猟者が入り乱れること

は誤射などの事故につながる。つまり、ナワバリは自由な狩猟文化を形成・発展させつつも、地元住民や他の狩猟者との事故やトラブルを防止するため、不文法のもとで形成された効率的なシステムでもあるのだ。

主に巻き狩りを行っている鈴木さんは、ナワバリについて次のように回答する。「私の猟隊では猟隊長を中心とした主要メンバーが、地元住民と交渉して猟場としての利用許可を受けています。私たち狩猟者側はその見返りとして、山に無断で入る不審者や不審車両、不法投棄などを監視する役割を担っています。また、近隣の別の猟隊とのバッティングについては、猟隊長同士が顔見知りなので、その日に入る猟場が重ならないように事前に取り決めをしています。『あの猟隊がイノシシを獲ったらしいから、俺たちも頑張るぞ！』みたいなライバル意識もありますね（笑）」

巻き狩りについては鈴木さんが述べるように、基本的には猟隊の責任者が土地の所有者や周囲の猟隊との折衝を行うので、各

佐藤さんはこのように初心者マークを付けている

巻き狩りの猟隊が山林をパトロールしていることを伝える札

隊員が気にすることは少ないはずだ。しかし、トップが地元住民や他の猟隊と頻繁にトラブルを起こしている話も聞く。見覚えのないヘイトを買わないように、なるべく早目に距離を置くのが賢明だ。

## 狩猟者がお互いにハッピーになるコミュニケーションのアイデア

では、単独猟でのバッティングはどうすれば避けられるのか。井戸さんに聞いた。

「私が単独猟で入る猟場は険しい山が多いため、巻き狩りのグループとバッティングすることはほとんどありません。猟場内で他の単独猟者と出会うこともありますが、基本的には顔見知りの猟仲間であることが多いです。山鳥撃ちの人とたまに被っていることがありますが、車を停める場所が決まっているので、先行者がいたら移動します」

井戸さんはSNSやブログなどで自身の狩猟情報を発信しているため、ここで知り合った人と猟場で出会うことも多いというが、顔見知りであれば猟の情報交換をして、別ルートへ移動して猟を続けるそうだ。

ユニークな工夫をしているのが、佐藤さんの回答だ。

「私は今年で猟歴20年になりますが、いまだにベストに初心者マークを付けています。猟場でバッタリ出会う狩猟者は私よりも年長の鳥撃ち猟師であることが多いのですが、私の胸元を見ると笑いながら『この先にシカが逃げていったから、向かってみなよ。頑張って！』と快く送り出してくれます。騙すつもりはまったくありませんが、結果的にお互いがコミュニケーションを取るきっかけになって、それでハッピーな気分になれるとしたら、我ながらなかなかいいアイデアだと思います」

# 71

## シカのコール猟って
## どんな猟法？
## 必要な道具も知りたい

ANSWER

### 鹿笛でオスジカをおびき寄せる猟法
### 実際に鳴き声を聞いてまねるのがコツ

忍び猟ではしばしばシカを捕獲する目的で「コール猟」と呼ばれる猟法が行われる。その際使われるのが、鹿笛（ディアコール）と呼ばれる笛だ。この笛でオスジカの鳴き声をまねた音を出し、ライバル意識の強いオスジカをおびき寄せて狙撃するわけだ。

自身もよくコール猟を行うという東さんに、詳しい話を聞いた。

「シカのコール猟は９月から11月中旬ぐらいまでの、シカの繁殖期に合わせて行います。メスジカの発情期は年に１回で、排卵するタイミングは１日程度しかありませんから、この時期のオスジカはメスジカの群れの周りに陣取って、交尾ができるタイミングを虎視眈々と狙っています。このとき発情中のメスに求愛する鳴き方が、ラッティングコールです。シカのコール猟ではこのラッティングコールを笛で鳴らすことで、その近くにいるオスジカを〝挑発〟しておびき寄せることができます」

シカのコール猟は、シカの発情期である９〜11月中旬頃と期間が限定される猟法なので、狩猟が11月15日からしかできない時代は、コール猟はそれほど重要視されていなかった。しかし、近年はシカの生息数が急増し、各都道府県でシカの猟期が早まるようになったため、新たな捕獲方法として注目度が増している。

では、鹿笛とはどのような笛で、うまく吹くコツなどはあるのだろうか？

「鹿笛は輸入品が多いのですが、海外のノロジカやオジロジカの声とニホンジカの声は微妙に音が違います。『カールトンズ』というコールは日本の狩猟者の間でも人気があります。高い音から低い音へと抑揚をつけながら吹くというのを、３回ぐらい繰り返します。ただ、人に聞いたり本で読んだりしてもわかりづらいと思うので、吹き方を知りたければ実際に猟場で鳴き声を聞いて、それをまねるのが最も正確だし手っ取り早いです」と佐藤さんは言う。

ちなみに、コールを吹くのに狩猟免許は必要ない。まずは猟場に足を運んで〝生の鳴き声〟を聞いたほうがよさそうだが、笛

鹿笛は先を握って音が大きく響き
渡るような工夫が必要

なるべくシカに気づかれないよう
に、木を背にして笛を吹く東さん

を使わなくてもオスジカを呼ぶ方法がある
と話すのは井戸さんだ。

「まだ実際に呼べたことはありませんが、
指笛でラッティングコールを鳴らすことが
できます。指笛は緊急時のホイッスル代わ
りにもなるので、狩猟者なら覚えておきた
いテクニックだと思います」

## 強いシカ臭が漂っている場所で
## 何度かコールを繰り返す

猟場でオスジカをおびき寄せるには、ど
んなシチュエーションで吹けばいいのか。

「発情中のオスジカがいるエリアには、か
なり強く〝シカ臭〟が漂っています。この
ような場所を見つけたら、なるべく見晴ら
しがいい場所で木を背にして、鹿笛を吹き
ます。近くにオスジカがいれば、相手から
も同様の鳴き返しがあるので、鳴き返しが

聞こえた方向を警戒しながら、何度かコー
ルを繰り返します。おびき寄せたオスジカ
はライバルを探してウロウロしていること
もありますが、こちらを見つめてキョトン
としていることも多いです」（東さん）

シカのコール猟は決して成功率が高くは
ないが、シカをおびき寄せることができた
ときの達成感は、想像以上に高いという。

前述したように、日本では長らくシカの
コール猟が行われてこなかったため、その
知見は未開拓な部分が多い。海外のシカ猟
では、アントラーラッティングと呼ばれる
角状の棒で木を引っ掻いて「オスジカが角
を研ぐ音」を出したり、それをカンカンと
叩いて「オスジカ同士が喧嘩をしている音」
を出すなどして、おびき寄せる猟法もある
ので、このジャンルの裾野はまだまだ広
がっていきそうな気配だ。

# 72

# シカに警戒鳴きされたら
# どのように対応する?
# 警戒を解く方法は?

ANSWER

警戒されてもとにかく動かないこと
気づかれなければ勝機はある

　ラッティングコール以外にもシカの鳴き声は様々だが、中でも忍び猟師が「聞きたくない」と思うのが、それが「ピャッ!」というシカの警戒鳴きだ。山の中を慎重に歩いていたはずなのに、どこからともなく鳴り響く「ピャッ!」という甲高い鳴き声。猟師としてはまさに地雷を踏んでしまったような気分だ。では、シカに警戒鳴きされたあとは、どう行動すればいいのか?

　忍び猟を行う井戸さん、東さん、佐藤さん3名の答えは同じで、「シカに鳴かれたら何もせずにその場に立ち止まる」というものだった。まず井戸さんに聞いてみた。「これはあくまでも私の経験則による話ですが、シカは〝2つ以上の危険〟を感じると走って逃げます。具体的には怪しい物音を聞いたとき、不審な動きのあるものを見たときに、シカは『ピャッ!』と警戒声を上げます。しかし、この時点ではまだ走りません。この状態から、違和感のある動きが敵として視認できたり、他のシカが同じように警戒声を上げたりすると、スイッチ

が入ったように一斉に走り出します。ここでポイントとなるのが、1頭目が警戒鳴きをした段階では、その危機が何なのかをまだシカたちは把握できていないということです。もし一度警戒鳴きをされたとしても、さらに危険を感じさせなければ警戒モードが解除されることはよくあります」

　シカの目は頭部の側面にあるため、人間に比べてはるかに広い視野を持っている。しかも動体視力にも優れているため、違和感のある動きには非常に敏感に反応する。ただ、Q63で触れたようにシカなどの獣は色を正確に判別することができず、さらに両目で見ることができる両眼視野が狭いため、ものを立体的に見ることができず、遠近感を把握する能力も劣っている。

　つまり、こちらの存在が視野に入ったとしても、動きさえしなければ〝認識されない〟可能性が高いのだ。これは人間の場合でも同じで、たとえば目の端を羽虫が横切ったとする。このとき〝何か〟が横切ったのはわかるが、それがハエなのか蚊なの

# シカがハンターの動きをどう認識するか

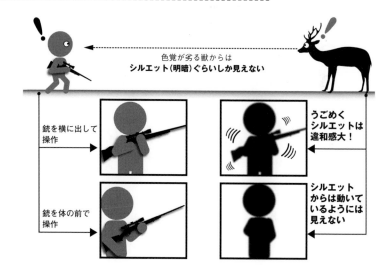

色覚が劣る獣からは
**シルエット（明暗）ぐらいしか見えない**

銃を横に出して
操作

銃を体の前で
操作

うごめく
シルエットは
違和感大！

シルエット
からは動いて
いるようには
見えない

---

かまでは認識できない。その羽虫が何かは、頭を動かして両目で視認する必要がある。シカも同じように、単眼で動くものの違和感を察知できるが、それが人間なのか風に揺れる枝のかまでは判別できないのだ。

## シルエットを崩さなければ
## 動いているものとして認識されない

「山の中で座っていたら、遠くからシカが歩いてきました。どのくらいまで近寄ってくるのだろうと興味本位でジッとしていると、手で触れられるぐらい近くを通り過ぎていきました。そのあと大きな音を立ててみると、『え？　何の音？』という顔をしてキョロキョロしていましたが、『シカは動いていないものは見えない』という話を実感した瞬間でした」（東さん）

警戒声を出されても動かなければ勝機はあるということはわかったが、実際にこう

した状況ではどう動けばいいのだろう。

「私はゆっくりと、木の葉が揺れるようなイメージでゆっくりと銃を構えます。このとき自分の体のシルエットを、崩さないようにしてください。弾を取り出して込める動作や、銃を持ち上げる動作も、体のシルエットを崩さないように意識して動きます。シカに横目でじっと見つめられてプレッシャーを感じますが、片目だけで見ている状態では、シカは立体的な動きを認識しにくいようです」（東さん）

「にらめっこ状態になっても一切動かなければ、シカは別の方向を向いて歩き出します。また、歩いているシカと同じ歩調で歩けば、なぜか気づかれることはありません。こうやって〝ダルマさんが転んだ〟を繰り返していたら、いつの間にかシカのお尻にタッチできるんじゃないか？　という距離まで近づけたこともあるぐらいです」（井戸

# 73

## 大物を銃で狙うとき 狙う場所はどのように決める? 「バイタルポイント」って何?

ANSWER

### 頭かネック、またはバイタルゾーン 着弾は〝期待値〟で考える

あらゆる苦難を乗り越えて、ついに照準器の中に獲物の姿を捉えることができた。しっかりとポジションが固められているので、照準のブレもほとんど発生していない。獲物の警戒心はまだ緩く、走り出す気配はない。後はガク引きに注意して引き金を引くだけなのだが、さて、どこを狙えばいいんだっけ!? とならないためにも、獲物のバイタルゾーン（致命的部位）を知っておく必要がある。

「狙うのは、頭か心臓があるバイタルゾーンと呼ばれる胸部分です。このようなポイントに命中させることで、瞬時に獲物の意識を消失させることができます。バイタルゾーン以外に命中すると、獲物は手負いの状態で逃げる〝半矢〟になります。獲物にムダな苦痛を与えるだけでなく、逃げ伸びても別の場所で斃死（行き倒れ）してしまう可能性が高いため、半矢になるような発砲は避けるべきでしょう」（井戸さん）

狩猟者は当然ながら獲物を仕留めきらなければならないため、あえてバイタルゾー

ン以外を狙う必要性は何ひとつない。もちろん、実際は腹部や足などに命中することもあるが、それは狙ったのではなく狙いがそれだけの話。ただ、逆に考えると、獲物が木の陰に隠れている状態で、頭やバイタルゾーンが狙えない場合は、そもそも射撃をするべきではない。これについてはすべての回答者が「当然のこと」という回答してくれた。ただ、一点だけ意見が分かれたのが、「ヘッドショットかネックショットか」という問題である。

「首は脊椎に命中させなければならないので、ヘッドショットのほうが確実」という意見が多いのに対し、近藤さんは「頭を避けて首を狙うようにしている」という。「特にスラッグ弾でイノシシを撃つ場合、頭を狙うとスラッグが貫通せずに頭蓋骨で弾かれてしまうことがあります。また、心臓を狙うと肉の傷みも大きくなります。首であれば動脈を切断してその場でバタリと倒れるので、最も理想的なポイントだと思います。シカの場合は単純に狙うポイントが小

# シカの頭、首、バイタルゾーン

瞬時に獲物の意識を消失させる頭部と、致命傷に至る範囲が広いバイタルポイント（★の位置）を狙う。首も脊椎を破壊すれば効果的だが、範囲が狭く狙いがつけづらい

さいので、外して流れ弾をつくる危険を冒すくらいなら、致死率が少々落ちても命中させやすい首を狙うのが妥当な判断だと思います」（近藤さん）

他にも「頭は上下するので首を狙う」という意見があったが、東さんは次のように回答してくれた。

## ベストコンディションでなければ射撃を中止して体勢を立て直す

「頭、首、バイタルゾーンのどこを狙うかについては、狙う場所はピンポイント（点）ではなく、着弾する〝期待値〟の円で考えるべきだと思います。というのも、銃の着弾点には精度によって常に広がりがあります。また、自分自身が持つ誤差もバカにできません。この誤差は体力や精神力が落ちているほど大きくなります。体力と精神力

が充実したベストコンディションなら、難しい角度から頭を狙うのもいいですが、そうでなければ横を向いている状態でも狙いやすい、バイタルゾーンを狙ったほうがいいと思います。大切なのは、体力や精神の消耗で自分自身がどれだけ誤差を生むのかを、事前に知っておくことです」

こう東さんが話すように、猟場の状況や様々な理由によって獲物は見え方が異なるため、頭やバイタルゾーンの狙える大きさも常に変化すると考えるべきだろう。いつも必ずここを狙うと決めて考えるのではなく、そのときの自分の体調や精神力も考慮して、どこを狙うか決めていくという考え方には一理ある。さらに、自分の持つ誤差が命中範囲を大きく越えていると感じるようなら、射撃を一旦中止して体勢を立て直すことも考えるべきだろう。

# 74

## 獲物を半矢で逃した場合 どのように追跡する？ 追跡するときのポイントは？

ANSWER

まずは獲物がいた場所を把握し 出血量で追跡時間を考える

半矢は狩猟者にとって、恥ずべき失態である。照準を間違えた、着弾がズレた、弾の威力が足りなかったといった問題は、ほとんど狩猟者の未熟さに起因する問題であり、本来であれば避けることができたはずだ。もし「自分の腕では即死させることができない」という場面では、勇気を持って〝撃たない〟という選択も重要である。そして、不本意にも獲物を半矢にしてしまった場合は、追跡して回収する必要がある。

それでは半矢の獲物を追跡するポイントとは何か。井戸さんは次のように回答する。「すぐに獲物を追いかけるのではなく、耳を澄ませて音を聞きます。半矢になった獲物は焦って逃げるので、草をかき分ける音でおおよその方向がわかります。次に、改めて撃った地点と獲物がいた地点を確認します。これが意外に重要で、山の中ではすぐに移動してしまうと、獲物がどこにいたのか方向がわからなくなります。私は撃った地点の木にピンク色のテープを巻き、獲物がいた地点に生えている木の種類や特徴

を記憶しておきます。テーピングした地点との方向と距離、記憶しておいた木の特徴や種類から、獲物がいた場所を確定させ、地面を観察して血の痕を探します」

半矢になった場合、獲物をすぐに追いかけたくなる気持ちもわかる。しかし、井戸さんが言うように、まずは現場の確認が最優先事項だ。命中箇所にもよるが、撃たれた直後に付く血痕はごく微量であることが多い。そのため、まずは獲物がいた場所を確定させ、そこから探索範囲を広げていくことが重要になる。

### 大量の血痕がある場所では 近くで倒れている可能性も高い

追跡方法について、近藤さんに聞いた。「獲物がシカの場合は、どんなに致命傷でも数十ｍは走ります。飛び散った血痕が多いようなら、すぐ近くで倒れていることが多いです。血痕が少なければ、足跡と地面や周囲の草木に残された血痕を探して追跡を開始します。初めは少なかった血痕が、

## 半矢のシカの追跡

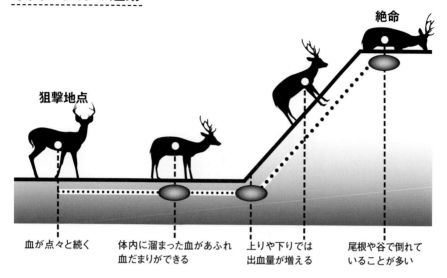

狙撃地点

絶命

血が点々と続く

体内に溜まった血があふれ
血だまりができる

上りや下りでは
出血量が増える

尾根や谷で倒れて
いることが多い

ある程度動いた場所で大量に付着している
ことがあります。これは胸腔に溜まった血
があふれている証拠なので、その先数十m
ぐらいの場所に倒れている可能性が高いで
しょう。いつまでも経っても血痕の量が変
わらないようなら、残念ながら追跡するの
は難しいですね」

井戸さんは血痕の状態も観察するという。
「血痕に泡が混じっている場合は、銃創が
肺に到達している可能性が高いです。肺に
ダメージを与えていればそう速くは走れな
いはずなので、出血量が少なくても長めに
追跡します。血痕に泡が見られず、出血量
も少ないのであれば『申し訳ない！』と反
省して、追跡はあきらめるしかありません」

半矢の追跡では、獲物が致命傷を負って
いるのか、それともかすり傷程度なのか判
別が難しい。そこで、一般的には坂の手前

や坂を登った先まで追跡をすることが多い
という。坂の上り下り地点の手前では足を
踏ん張るため、血の量が多くなりやすく、
その先で事切れていることが多い。逆に、
このようなポイントで出血量が少なければ、
追跡を諦めたほうが無難といえそうだ。

なお、猟犬を使う猟では、半矢の追跡は
とても簡単だと鈴木さんは言う。

「猟犬は優れた嗅覚で血痕を追うので、半
矢にした獲物を取り逃すことはまずありま
せん。手負いの獲物に噛みついたり吠えた
りして動きを止めているので、GPSを見
れば獲物の場所を把握できます。ただ、巻
き狩りで半矢の獲物を追うときは、必ず無
線連絡を入れて周囲にその情報を伝えます。
猟隊長や勢子長からタツマ解除の連絡が
入って初めて、仲間とともに猟犬がいる場
所に駆けつけます」

# 75

## ついに獲物を仕留めた！
## 射撃後の注意点や
## 行うべきことを教えて

ANSWER

## まずは脱包と銃仕舞いをして
## 〝残心〟と〝答え合わせ〟も重要

　乾いた発砲音がこだましたその瞬間、照準器の中の獲物がぐらりと体勢を崩して倒れた。「やった！」。銃猟狩猟者にとってまさに至福の瞬間だが、いつまでもその余韻に浸ってばかりはいられない。獲物を仕留めたあとには、やるべきことが想像以上に多いのである。
「当たり前の話ですが、まずは脱包です。獲物が倒れる瞬間を見たハンターの中には、喜びのあまり銃をほっぽり出して駆けつけてしまう人もいますが、これはダメです。特にセミオート式の場合は自動的に次弾が装填されますので、必ず脱包する癖をつけてください。撃たなかった弾は、すべて弾帯などに収納しましょう」（近藤さん）
　驚くことに、狩猟者の中には銃を失くしてしまう人もいるという。銃を木に立てかけたまま、あるいは地面に置いたまま獲物の確認に駆けつけてしまい、あとからその場所に戻ろうとしても方向感覚を失っていて、銃をどこに置いたのかわからなくなるのだ。獲物を仕留めて興奮するのもわかる

が、まずは銃を安全な状態にして、道具を片づけることが先決と心得よう。
　井戸さんの回答も示唆に富んでいる。
「たとえ獲物が倒れるのを目撃しても、しばらくは銃を構えたままその様子を確認します。傾斜がある場所で獲物を撃った場合、銃撃に驚いて体勢を崩して転げ落ちただけということもあり得ます。特にイノシシは、半矢でもすっくと立ち上がって走り始めるケースも多く、最悪の場合こちらに向かって突進してくることもあります。射撃後は数十秒ほど緊張の糸を張った状態にして、様子を見たほうがいいでしょう」

### 弾が〝当たった〟のではなく
### 〝当てた〟に近づけていく

　射撃後の〝答え合わせ〟に時間を充てるというのが、東さんの回答だ。
「私は獲物が崩れ落ちて完全に静止したとしても、しばらくは据銃姿勢を続けます。そして、『自分がいまどこに照準を合わせ、どこに着弾すると予想し、どのくらい体力

撃ったイノシシに近づいて着弾点の確認をする東さん

と精神力が消耗している状態で撃ったのか』ということを思い返して、その場でしっかりと記憶に焼き付けます。その後、銃の片づけが終わったら獲物のところにいき、着弾点を確認します。射撃時の記憶と現実が、どれくらいズレているのかを確認するのです。銃猟では自分の持っている〝精度〟を知ることが大切なので、こうした〝答え合わせ〟の積み重ねは、経験値として必ずあとから生きてきます」

東さんが射撃後に銃をすぐに下ろさないのは、記憶の定着には時間が必要なためであり、すぐに獲物のところに駆けつけないのは、射撃の記憶を曖昧しないためなのだと言う。これは剣道や弓道など、日本の武道における〝残心〟と同じだ。勝敗はさておき、心を途切れさせないことで、自分が

どのようなイメージで動き、その結果がどうなったのかを記憶にとどめる。そして、それが自分の成長につながっていく。銃猟において、弾が〝当たった〟と〝当てた〟とでは、雲泥の違いがあると東さんは言う。「初めのうちは『当たった』という結果を出すのも大事ですが、いつまでも『当たった』では成長がありません。獲物を狙って弾を外したとき、『なぜ外したのか』という答えを得ることは簡単ではありませんが、当たっていれば答え合わせができます。この答え合わせを繰り返していくと、次第に『当たった』から『当てた』という感覚に近づいていきます。こうした感覚を少しずつ明確にしていくことが、射撃の技術を向上させる大きなポイントになるのかなと思います」

# 76

## 単独猟で大物を仕留めたら
## どうやって引き出せばいい?

応援を頼める人脈をつくっておく
現地で解体するという方法も

　自分ひとりで猟を行う単独猟で悩ましいのが、仕留めた獲物をどうやって山の中から引き出し、車に乗せて回収するかだ。実猟経験のない初心者の中には、この回収作業まで考えていない人が多いので、初猟に出る前に必ず獲物の回収のことまでシミュレーションをしておかなければならない。
　「自分ひとりで回収できないような大きな獲物を捕獲したときは、知り合いの猟師や地元の人に手伝ってもらえないか打診します。私が猟を行っている地域では、猟師の高齢化が進んで巻き狩りをするグループがなくなってしまったので、現在狩猟活動をしているのはすべて単独猟師です。自分が助けてもらう代わりに、自分も相手のヘルプをするという、いわば助け合いの精神があります」(東さん)
　単独猟は煩わしい人間関係から隔絶された、気楽で自由気ままな猟と思われがちだが、東さんの話を聞くとそれが間違いだということがわかる。獲物の回収に限らず、山の中ではいつどんな事故が起こるかわか

らない。こうした不測の事態に備えるという意味でも、日頃から狩猟仲間とコミュニケーションを取り、猟場近くの住民と良好な関係を築いておくことが大切なのである。

### 大物は野外解体して
### 背負って持ち帰るのが現実的

　他者からの協力を仰げない場合は、何とか自力で回収することになるが、それが野外解体(フィールドドレッシング)だ。野外解体では、まず仕留めた獲物の血抜きを行う。下り傾斜の場所で頭を下にするなどして、なるべく体内に血液を残さないようにする。次に剥皮を行うが、野外解体では新鮮な水を使用することができないため、体毛などが肉に付着するのを防ぐため、用意した滑車とロープを使って3倍力システムをつくり、頭を下にして木などに吊るして作業を行おう。
　剥皮を終えたら、地面のほうから順番に前脚、背ロース、モモ肉、首肉などを切り分けていく。このとき、一般的には内臓を

野外解体の様子

取り出すが、野外解体では肉の汚染を防ぐため、内臓を取り出さずに解体することも多い。持ち帰る部分の肉はドリップを切るために、吸水シートなどに包んでパッキングする。体温が残った状態でビニール袋に詰めると余熱で蒸し返ってしまうため、なるべく残体温を落とす工夫をしよう。

「状況にもよりますが、野外での解体ではとにかく衛生的に肉にするのが難しいです。私は、切り分けた肉を地面に並べて置くためのブルーシートのほか、持ち帰る肉を包むペットシートやビニール袋なども常備しています。解体を始める時間によっては作業中に暗くなるため、ポータブル電源の付いた作業灯も必需品です」(井戸さん)

野外解体については、鳥獣保護管理法などで曖昧な表現ながら認められてはいる。ただし、持ち帰らない内臓や骨などの残滓(ざんし)

をその場に放置すると、悪臭や害獣を呼び寄せる可能性があるため、埋設などの適切な処置が必要になる。

基本的に獲物は山から下ろしてから解体するという東さんも、どうしても引き出すことが困難な場合は、野外解体をすることもあるという。

「解体は刃渡り65mmのナイフ1本で行います。切り取った肉はビニール袋に入れて、ダンプポーチに入れて背負って持ち帰ります。この方法であらかた肉を持ち帰ることができるのですが、ダンプポーチに肉を入れた状態で山を歩くと、お尻をペチペチと叩かれているようで不思議な気分です」

ダンプポーチにはいろいろな大きさがあるが、大容量のものでも使わないときは畳んで平たくしておけるので、ひとつ用意しておくと重宝する。

# 77

## 大物猟をするときの車
## どんな車種が適している?
## 軽トラ以外の選択肢はある?

**ANSWER**

狭い林道を走るには軽4駆が最適解
単独猟では箱バンを使う人も多い

現代の狩猟において、車は必需品ともいえる。人や道具を運ぶだけでなく、猟犬用のドッグケージを乗せたり、獲物をワイヤーで引き上げたり、回収した獲物を乗せて解体場所へ運搬したりと、その用途は多彩だ。狩猟に使う車といえば軽トラ！　と相場は決まっているようにも思えるが……。

「巻き狩りの場合、一般的なメンバーは普通車が多いですね。猟隊の先輩たちが獲物を運搬できる軽トラに乗っているので、わざわざ一般メンバーが狩猟用の車を買う必要はないと思います。ただ、大規模に巻き狩りを行う猟隊の場合は、個人で猟場まで車で移動しなければならないこともあるので、林道を走れる4駆の車がいいでしょうね」と話すのは鈴木さんだ。鈴木さん自身、四駆の大型SUVに乗っているが、これは本業と兼用で使う車で、狩猟用に買ったものではないという。

「大型のSUVは、はっきり言って狭い林道を走るには不向きです。山の中では枝が擦れたり車の下が岩にぶつかったりするこ

ともあるので、ピカピカの新車で山に入るのはおすすめしません」（鈴木さん）

確かに猟場に向かう林道や山の中の道は、狭くて曲がりくねっていることが多いので、小回りの利くコンパクトな車に分があるのは明らかだ。では、狩猟車といえば〝軽トラ一択〟なのかというと、実際はそうでもないということが、今回の回答者からの意見で明らかになった。

「狩猟では銃や弾以外にも、いろいろな道具を車に積む必要があるので、後部座席を倒すことで床がフラットになる箱バンタイプは、積載のしやすさという点でおすすめです。唯一の欠点は、積み込んだ獲物のニオイが車内に充満することです。私は初めから覚悟をしているので、箱バンで困ったことはありませんが」（広畑さん）

軽トラではなく箱バンというチョイスは意外だが、2駆の箱バンに乗っているというのが、流し猟と忍び猟をする東さんだ。

「獲物を積む小さい荷台付きで、パートタイム4駆のデフロック付き、ウインチなど

鈴木さんと同じ猟隊のメンバーが乗る軽トラは、荷台に電子レンジや電気ポットも積めるようにカスタムされている

の装備もあるデッキバン……というのが理想でしたが、いつまでたっても見つからず、そのうち乗っていた車が壊れてしまい、なんと2駆の軽の箱バンが納品されてしまいました（笑）。ただ、2駆だと無茶な山道に入れないので、山道には歩いて入るようになりました。早朝は舗装された林道を走って流し猟を行い、その後は山に入って忍び猟をするという私の狩猟スタイルは、この車のおかげで生まれました」

## 箱バンはニオイとマダニがネック
## やはり4駆の軽トラが最強か?

人気の箱バンだが、デメリットはニオイだけでなく、マダニの問題もある。獲物から離れたマダニが車内にウヨウヨいる環境はいただけない。やはり軽の箱バンを狩猟車として使っている井戸さんは、次のようなアイデアを教えてくれた。

「どうしても獲物を車に積まなければならないときは、ドラム缶用の内袋に入れてから車に積み込みます。この袋は普通のポリ袋よりもかなり頑丈にできており、シカを丸ごと1頭入れて持ち上げても破れないぐらいです。口をしっかりと閉じておけば、ダニだけでなくニオイや血のりが車内に付着する心配もありません」

狩猟のために車をもう1台購入できるなら、専用の荷台を持つ4駆の軽トラが最強という意見は多い。軽トラは軽量で小回りが利くため、日本の林道や不整地を走るのにも適した構造になっている。獲物の血や泥で荷台が汚れたら水をかけて洗い流せるし、何よりも気を使わずに道具を荷台にガンガン積める気安さが魅力だ。ただし、乗車できるのが2名ということもお忘れなく。

# クマによる被害が増えているが
# クマ猟をする際の注意点は？

**ANSWER**

## 全国的なクマ猟法は確立されていない
## 猛獣の恐ろしさを知ることも重要

近年、クマ（ツキノワグマ・ヒグマ）による被害が急増している。2016年5月に、タケノコ採りに出かけた一行がクマに襲われた「十和利山クマ襲撃事件」では、4人が死亡し、4人が重軽傷を負うなどの被害が発生した。また、2022年に北海道で発生した、通称「OSO18」と呼ばれるヒグマによる乳牛65頭が襲撃された事件では、人的な被害は出ていないものの、目撃情報の少なさからその正体がわからず、地域住民に大きな恐怖を与え続けている（2022年12月現在）。

これらクマによる問題がなぜ近年に入って急増したのかという理由は、専門家によっても意見が分かれるところではある。しかし、他の野生鳥獣による被害急増の主な要因とされる〝個体数の増加〟が、クマ被害増加の一因と考えて間違いないという意見は多い。

今回の回答者にもクマ猟について質問をしたが、クマ自体がいないという回答も多かった。「まず、クマを見たことがないので

でわかりません。関東だと山梨のほうでは増えていると聞きますが、私が狩猟を行う千葉のほうで捕獲されたという話は聞いたことがありません」と井戸さん。同じく大分県の広畑さんも、「九州のクマは絶滅しているので、クマ猟のことはわかりません」と回答する。

それでは、クマの出没情報が増えているという、三重県の東さんはどうか。「ツキノワグマの唸り声は聞いたことがありますが、ここではクマは狩猟鳥獣から外されているので、捕獲したことはありません。クマが居座っている山は、シカやイノシシなど他の獣が嫌がる傾向があるので、私もクマの気配を感じたらさっさとその山を下りるようにしています」

高度成長期以降、日本ではツキノワグマの生息数が大きく減ったという事情もあり、現在でもクマ猟が禁止されている自治体は多い。そのため、狩猟者の間でも猟法に関する研究が進んでおらず、たとえクマが捕獲されたとしても、それは巻き狩りでイノ

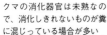
クマの消化器官は未熟なので、消化しきれないものが糞に混じっている場合が多い

木肌に残されたクマのツメの研ぎ跡

シシやシカに混じって〝偶然〟であることが多いようだ。

## クマ猟に興味のある人は
## その生態や狩猟文化も学ぶべき

今回の回答者で唯一、ツキノワグマに関する知見を持っていたのが、山梨で巻き狩りを行っていた佐藤さんだ。果たしてツキノワグマに使う装弾には、どのくらいのパワーが必要なのだろうか?

「私が所属していた巻き狩りの猟隊は、全員バックショットしか使いません。なので、ツキノワグマを捕獲したときも9粒のバックショットでした」

ちょっと意外な回答だ。一般的にクマ猟というと、ライフル銃か威力の大きい12番スラッグで仕留めるというイメージがあるが、威力の弱い装弾でクマを確実に仕留めることはできるのか。

「半矢の獲物に逆襲されるということで考えれば、クマだけでなくイノシシも同じ猛獣です。アドレナリン全開でこっちに向かっ

て突進してくるイノシシに2発目を撃ったとしても、そう簡単には止まりません。海外には猛獣を狩猟する『デンジャラスゲーム』という言葉がありますが、イノシシだって十分にデンジャラスです。クマ猟をしたいと考えているのなら、まずは野生動物の恐ろしさをよく理解することから始めるべきでしょうね」

クマ猟の専門集団だった「マタギ」と呼ばれる狩猟者の間では、マタギ犬(熊犬)と呼ばれる犬を使ってクマ猟を行っていたが、その猟法が日本全国に有効なのかどうかは未知数だ。また、クマの生息数に関しても、確かに現時点では増加傾向にあるが、これをピークに再び減少に転じる可能性も捨てきれない。将来的にクマ猟に携わりたいと考えている人は、佐藤さんが言うように、まずはツキノワグマやヒグマの生態、そして狩猟文化を学ぶ必要があるだろう。また、クマに限らず野生動物を相手にすることの恐ろしさについても、改めて考えておきたいものである。

# 79

# 単独猟での事故やケガ
# 遭難など非常事態への対処は？

ANSWER 事故を起こさないための対策を考えて
行動予定は第三者に伝えておく

　山の中では、いついかなる事故が起こるかわからない。誤射や暴発など銃によって起こる事故、落石や崩落など移動中に偶然発生する事故、疲労や気温による脱水症状や低体温症、道迷いによる遭難、獲物からの反撃によって起こる事故など、考えればきりがない。これが巻き狩りなら猟隊メンバーがすぐ近くにいるため、救援が駆け付けるまでそれほど時間はかからない。しかし、単独猟となると話は違う。

　携帯電話の電波が届く場所なら救急隊を要請することも可能だが、道が整備されていない猟場にたどり着くには時間がかかる。単独狩猟者は、せめて自力で車まで移動できるような対策を考えておく必要がある。

　普通救命講習の講師でもある井戸さんは次のようにアドバイスする。

　「何と言っても事故を起こさないということに尽きますが、〝起こるべくして起こった事故〟も少なくないというのが、私の率直な感想です。たとえば、移動中は脱包する、戻るまでに日が暮れそうな時間に山に入らない、危険そうな道に進まない、というのは当たり前のことだと思うはずですが、狩猟に慣れてきた人ほど、こうした基本的なことを忘れてしまいがちです。あとはどこの猟場に行くのか、何時頃に帰ってくるのかといった情報を、家族や狩猟仲間に伝えておくことも大切です。登山をするとき登山届を入山前に提出しますが、同様に猟行計画を第三者に知らせておくことは、単独狩猟者の義務と考えるべきでしょう」

　事故を起こさないことが第一という井戸さんは、装備にも工夫を凝らしている。

　「帽子ではなく、ヘルメットを装着しています。猟場では落石が意外に多いし、もし滑落しても頭を保護できます。ヘルメットはヘッドライトやGoProなどのアクションカメラを付けたまま着脱できるので、安全面と機能面という点でも、狩猟用ヘルメットの需要は高まっていくと思います」

　狩猟ではまだ認知度が低いヘルメット装備だが、都道府県が事業として行う指定管理鳥獣捕獲等事業では、ヘルメット装着が

井戸さんの狩猟用ヘルメット

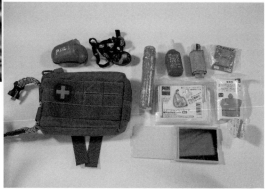

東さんのメディカルポーチの中身

義務になっているところも増えている。

## ビバークする状況に備えて
## 火を確保できる道具と技術も必要

　単独猟を行う井戸さん、東さん、佐藤さんの3名は、全員が猟装に緊急時に対応できるアイテムを入れていた。共通点はライター、火口、ヘッドライト、の3つで、これらは遭難や行動不能になった際に、救援がくるまで耐え忍ぶためのものだ。

　「これまで山の中で一夜を過ごすようなことはありませんでしたが、滑落や体調不良で身動きが取れなくなったことはあります。こういった場合は体力が回復するまで猟場でビバーク（緊急野営）をする可能性もあるため、着火道具は必ず携帯しています。ただ、山の木は湿っていてなかなか火がつかないので、火口は用意しておくべき。私

の場合はライターにガムテープをグルグル巻きにしており、緊急時にはそのガムテープをちぎって火口にします」（東さん）

　冬場に猟場でビバークする場合、暖をとるためにも火の確保は重要だ。「狩猟者ならせめて火の起こし方ぐらいは覚えておくべき」と佐藤さんも指摘する。事実、海外では狩猟免許を取得する際に、緊急時の行動や応急手当、サバイバル技術などの知識と実技試験を課している国もあるほどだ。

　最後にもうひとつ、「行動時の飲料水とは別に非常用飲料水と非常食を携帯しています」と東さんは言う。きれいな真水は傷口を洗い流すのにも使えるので、重さはあるが何かと重宝する。以前は濾過フィルター付きストローを非常用に持っていたそうだが、かさばるので現在はゼリー状の経口補水液を装備に入れているという。

# 猟場での救助に備えて
# 用意しておく装備とは?
# 応急処置や止血方法も知りたい

ANSWER

## 止血はターニケットまたは圧迫止血
## 通信手段は複数用意しておきたい

Q79では単独猟でのケガへの対処法を紹介したが、一緒に猟に出かけた仲間が大ケガをした場合や、猟場で意識不明に陥っている人を発見した場合は、どのように対処すればいいのか。よほどの怪力の持ち主でもない限り、要救助者を背負って山から下ろすというのは現実的ではない。しかも、大量の出血がある場合は、時間をかけて山を下りている余裕はない。その場での対応が急務となる。

「まずは救急に連絡を取り、出血時や心肺停止時にはその対応が必要です」と井戸さんが言うように、救助を要請するのが先決だ。そのためには、携帯電話があれば何とかなると考えているかもしれないが、猟場となる山中では山陰に入ると電波をロストすることも多い。キャリアによる電波状況の違いもあるが、電波を探してさまよい歩く時間はないため、井戸さんは「デュアルSIM」をすすめる。

「最近はスマートフォンに通信用のSIMカードが2つ装着できるタイプがあるので、携帯電話をデュアルSIMにしましょう。別キャリアの回線にしておけば、もし片方の電波が入らなくても、もう一方の電波が入ることがあります。このほか、私は単独猟のときもアマチュア無線機を携行します。アマチュア無線には非常通信という交信方法があり、携帯電話の無線が通じないような場所からでも通信できます」

アマチュア局による非常通信は、共用の呼出周波数が設定されており、144MHz帯のバンドなら144.00MHz、430MHz帯であれば433.00MHzが使用されている。緊急時には「ヒジョウ、ヒジョウ、ヒジョウ、CQ、こちらは○○（自分の無線局の名前）どうぞ」と送信して応答を待つ。相手からの応答を受けたら、内容や場所などを簡潔に伝え、関係方面への連絡を依頼しよう。何度呼びかけても返答がない場合は、ワッチ（周波数を回す）して、すでに交信している局に割り込むという方法もある。この場合は「ブレーク」と宣言して通信に割り込み、相手から返答があったら要件の内容

アマチュア無線機

を説明すればいい。

　アマチュア無線の使用は免許が必要となるが、非常通信に限っては特例として、免許がなくても無線機の操作を行うことが許可されている。ただし、非常通信を行った場合は、その実施状況などを管理区域の総合通信局に報告しなければならない。また、虚偽の通信を行うと電波法違反となり、厳しく罰せられることを覚えておこう。なお、近年、巻き狩りなどでよく使われている免許が必要ない（登録は必要）デジタル簡易無線機の場合は、15chが緊急時や不特定局との通信用回線として設けられている。

## 直接圧迫止血法が基本
## 止血帯を使えるようにしておく

　止血についての対処方法として、井戸さんは次のようにアドバイスする。
　「私の猟仲間がナイフで獲物を止め刺しするときに、自分の太ももを切ってしまった

ことがあります。太ももには太い動脈が通っているので、一大事です。すぐに傷口にきれいな布を当てて、上から強く押さえるように圧迫して止血できたそうです」

　この直接圧迫止血法でも血が止まらない場合や、激しく出血している場合は、帯状のものを止血帯代わりにして、手や足を縛るという方法もある。ただ、この方法は神経を傷める危険もあるので、普段から習熟しておく必要がある。

　近藤さんは「C-A-T（コンバット・アプリケーション・ターニケット）を装備に含めておくのも有効」と言う。
　「C-A-Tは、同様のものが米軍でも使用されている止血帯で、解放骨折でも止血できるほど強力です。少々値段が高いですが、インターネット上で販売されている安物は模造品なので、しっかりしたものを購入して、あらかじめ正しい使い方も覚えておくといいでしょう」

CHAPTER
5

# 「鳥猟」の疑問

# 81

## 鳥猟ってどんな猟?
## 散弾銃と空気銃
## どちらを使うのがおすすめ?

### 「鳥猟は散弾銃」は過去の話
### PCPの台頭で猟法は大きく変化

銃猟においてイノシシ、シカ、クマを捕獲する大物猟と双璧をなすのが、鳥猟である。5章では想像以上に奥が深い鳥猟に関する疑問ついて、みずからも鳥猟を実践しているという回答者たちの意見を踏まえながら、詳しく解説していきたい。

そもそもかつての日本で「銃猟」といえば、それは鳥猟を意味する言葉だった。日本では中世頃から全国各地で森の大規模伐採が始まり、銃猟が始まる近代に入ってからは、里山の多くが〝はげ山〟状態になり、森にすむ大型獣は数を大きく減らしていった。ところが、ここ数十年で里山に緑が戻ってきたこともあり、大型獣の数も増加。その結果、大物猟は鳥猟と並ぶほどの一大勢力となったわけだ。

こうした事情もあり、往年の狩猟者の中には「若い頃は獣を撃つなんて考えもしなかった」という人が非常に多く、現在、巻き狩りをしているベテランハンターの多くが、鳥猟専門から転向してきた人たちだ。余談だが、往年のベテランが言う「鳥猟」には、なぜか獣であるはずのウサギも含まれる。これは鳥猟のメインターゲットだったキジやウズラなどの生息場所が、ウサギと被っているためだ。ウサギを数えるときに「羽」が使われるようになったのは、古くからウサギは鳥猟と同じ方法で捕獲したからだという説もある。

### ハイパワー空気銃の登場で
### ますます高まる空気銃の人気

鳥猟の主な猟場であった草原や河川敷、干潟などが開発により姿を消したことで、大物猟にシェアを奪われ続けていた鳥猟だが、近年は別の角度から復興の兆しを見せている。それが本書でも紹介している〝ハイパワー空気銃〟の登場だ。

空気銃の最大の長所は、散弾銃に比べて発射音がはるかに小さいことにある。猟場の近くに新興住宅地ができたとしても、音を気にすることなく射撃ができ、弾速が遅いため流れ弾が遠方まで飛ぶ心配も少ない。さらに、近年は野生鳥のシナントロープ化

シナントロープ化したキジ……
というよりも、もとはキジの生
息域を人間が開発したというほ
うが正しいのかもしれない

カモ猟ではいまな
お散弾銃も健在だ

（野生動物が人間のつくりだした環境に適
応して暮らす現象）が進んでおり、従来の
猟場よりもむしろ人間が住むエリアに近い
ほうが獲物の数が多く、その警戒心も緩
かったりする。

　実際、銃砲店を営む3人の回答者も、近
年の空気銃の台頭には驚いているという。
「うちは猟銃も扱う銃砲店ですが、最近は
空気銃専門店と勘違いされるほど、空気銃
を求めるお客様が多いです」（佐藤さん）
「クレー射撃用の装弾と上下二連散弾銃を
扱う店としてスタートしたので、空気銃は
ほとんど扱っていませんでしたが、現在は
散弾銃と空気銃の取引量が逆転しています。
インターネットを通じて、全国から問い合
わせが入ります」（岡部さん）
「空気銃は若いお客様が特に多いですが、

PCP（ハイパワープレチャージ式空気銃）
のうわさを聞いたベテランの方からの問い
合わせも増えています」（内藤さん）

　こうした空気銃人気の高まりも踏まえて、
本書では空気銃による最新の狩猟事情に
フォーカスして、鳥猟に関する疑問につい
て考えることにした。もちろん、本書で紹
介する内容が、いつ新しい情報にアップデー
トされるかわからないが、速いスピードで
機能の進化を続ける空気銃の世界だけに、
最新のトレンドにアンテナを張っておくこと
は、狩猟技術を高めることにもつながる。

　また、本書で紹介する回答者の意見は、
決して普遍的なものではない。あくまでも
自分が鳥猟を楽しむために〝役立つ情報〟
という位置づけと前提で、活用してもらい
たい。

# カモはどうやって捕獲する？
# 散弾銃と空気銃
# それぞれの猟法を教えて

ANSWER

## 猟場によって効果的な猟法は変わる
## 散弾銃と空気銃の混成部隊も効果的

　昭和46年以前は、カモ猟において「スラムファイア」と呼ばれる射撃方法が用いられることがあった。これは引き金を引いたまま遊底を動かすだけで弾を〝乱射〟する技で、何百羽と飛び立つカモに弾を浴びせかけて撃ち落としていたという。そこまでして穴だらけのカモを獲って、果たしてうれしいのかという疑問はさておき、ひと昔前までのカモ猟は、豪快に飛び立つカモを豪快に撃ち落とす〝パーティーゲーム〟という側面が強かったようだ。

　もちろん、これは昔の話。昭和46年以降に現在の「散弾銃の弾倉には２発まで」という規制が生まれてからは、たとえスラムファイアを行っても、弾倉はすぐに空になってしまうだけだ。そもそも、近年は猟場に何百羽とカモが群れている姿もほとんど見かけなくなったし、カモは１日５羽（銃猟）までしか捕獲できない。カモは「狙わなければ獲れない」という極めて〝真っ当〟な猟法へと収まる形になった。

　さて、Q46で触れたように、カモ猟は猟場によって猟法が大きく異なる。井戸さんの例では溜池や野池など比較的狭い水場での猟になるため、獲物との距離が比較的近くなる。「こちらが視認したタイミングでカモが飛び立つことが多いですね。特にマガモやカルガモは体が重いため、最高スピードが出るまで間があるので、飛ばれてから弾を装填している余裕があります。カモの飛び方は猟場によって変わりますが、飛び始めは低空なので水面に沿って飛行します。こちらがいる陸地に対して平行に移動することが多いため、水平方向にリードをとって撃ち落とします」（井戸さん）

### 猟犬を泳がせてカモを驚かせ
### 飛び立ったところを散弾で狙う

　対して、猟場が広い河川敷であることが多い広畑さんのケースは、次の通りである。「カモの群れている場所にはある程度目星がついているので、葦をかき分けながらゆっくりと前進します。音に警戒したカモはこちらから遠ざかるように飛んでいくた

め、上昇していく方向にリードを取って撃ち落とします。また、河川敷ではカモの群れが中洲や対岸にいることもあるので、射程に入り切らないこともあります。この場合は猟犬を泳がせます。驚いたカモが飛び立って、旋回してきたところを狙って撃ち落とします」（広畑さん）

こうした猟法以外に、デコイ（模型）を使ったカモ猟なども行われている。

「カモをデコイやコールを使っておびき寄せる猟法があります。この猟法では、まず水面にデコイを大量に浮かべ、上空から見えない場所に伏せて待ちます。しばらく待っていると、飛んできたカモが『仲間が群れている』と勘違いして近寄ってくるので、着水する瞬間に散弾銃で撃ち落とします。なお、デコイだけだとカモが見ても違和感バリバリですから、カモが採餌するときに出す声や仲間を呼ぶ声などをコールで吹いて、違和感を取り除きます」（佐藤さん）

なかなか効率的に思えるが、思っているほど簡単ではないと佐藤さんは言う。

「デコイを浮かべる場所はどこでもいいわけではなく、カモの通り道でなければなりません。餌場にしている農地の近くや、寝床にしている水辺付近など、こうした場所を見極める目が必要になります」

## 空気銃によるカモ猟は
## 用水路や支流が主な猟場になる

一方、空気銃によるカモ猟では、野池や河川敷も猟場となるのだが、どちらかといえば用水路や道路に近い川の支流などが狙い目になる。このような場所ではいつも人の動きがあるので、カモたちの人間に対する警戒心は緩い。特に猟期終盤になると、散弾銃が撃てる猟場にカモはほとんどいないのに、空気銃で狙えるカモの猟場は、寿司詰め状態になっていることも少なくない。

埼玉県随一の穀倉地帯とも言われる加須市に住む佐藤さんも、主にこのような場所でカモ猟を行っているそうだ。

「猟期にはお客様を連れてエアライフルハンティングガイドをやっていますが、まわる猟場は主に用水路や大きな川の支流です。獲物の警戒心が緩いことと撃ちやすい場所なので、初めての人でも比較的簡単にカモを獲ることができます」

ここまでは散弾銃と空気銃を分けて解説してきたが、西山さんは空気銃と散弾銃の〝混成部隊〟も効果的だと言う。

「散弾銃の猟場でも、カモとの距離が遠いと飛ばずに泳いで距離を取られてしまいます。そこで散弾銃持ちの狩猟者（ショットガンナー）の中に、空気銃持ちの人（エアライフルマン）を混ぜておくことで、初撃は空気銃で遠距離狙撃をして、飛んできたところを散弾で撃ち落とすといった作戦を行うことができます」

Q24で触れたように、散弾銃の射程距離はせいぜい40m程度であるのに対して、ハイパワーPCPは100mを超える。しかし、空気銃は動的射撃ができないので、飛んでいる獲物に対しては散弾銃のほうが効果的になるというわけだ。

このように散弾銃と空気銃のメリットとデメリットを、うまく補い合うように作戦を組み立てることができれば、猟果も期待できそうだ。複数の狩猟仲間でカモ猟をする機会があれば、試してみてはどうだろう。

# 83

## カモ猟ってどこで行う？
## 猟場の見つけ方や
## 探すときのポイントを教えて

ANSWER

### Googleマップで水場の目星をつけ
### 猟期前に足を運んで現地を調べる

カモ猟を行う猟場は、年々、減少傾向にある。既存の猟場が急に鳥獣保護区や銃猟禁止区域（銃禁エリア）に指定される事例は滅多にないが、水辺周辺の開発や新興住宅地の整備、そしてメガソーラーの新設などにより、実質的に銃猟ができない場所が増えているからだ。こうした不文法による「狩猟ができないエリア」は、ハンターマップを見ても判断するのは困難だ。そこで猟場に出かける前に下調べをしておかないと、徒労に終わる可能性もある。何か効率的な方法はないのだろうか。

「まずハンターマップで鳥獣保護区や銃禁エリアでないことを確認したら、Googleマップを見てよさそうな水場を探します。Googleマップで調べるとき、概略図（デフォルト設定）にすると水場は水色で表示されます。水場を見つけたら表示を航空写真に変えることで、上空から見た周囲の状況がある程度わかります」と教えるのは西山さんだ。Googleマップは、猟場探しに非常に便利な地図アプリだ。ピンを刺して

場所を記録する機能があるため、とりあえず見つけた猟場に手あたり次第ピンを刺し、あとからそれらのピンを結んでルートを構築する。こうすることで、猟場を巡回する最短経路を導き出すことが可能だ。

しかし、西山さんはGoogleマップで調べるだけではダメだと言う。

「Googleマップで猟場の目星をつけたら、猟期前に必ず現地を調べます。実際に現地にいってみると、マップ上には写っていなかった小さな畑や納屋が射角に入っている場合があります。また、水辺が転落防止用の柵で囲われていたり、工事車両が入っていたり、そもそも水抜きされて水がない！なんていうことも多いのです」

Googleによると、Googleマップの航空写真の更新頻度は半年から1年ほどとされている。そのため、その年に大規模工事や農業用のために池が水抜きされていたとしても、マップ上には反映されていないことが多い。猟期開始日にいつものお気に入りの水場に出かけてみると、あたり一面が埋

水場を囲むように廻らされた柵越しにカモを狙う

め立てられて、ソーラーパネルがズラリと並んでいた、という笑えない話もある。また、上空からの写真では、柵のような施設の存在や、足場から水辺までの高低差が判断しにくいため、カモは撃てても回収ができないという場所も少なくない。

## カモが群れやすい場所を積極的に探してみよう

「水辺だけでなく、その周辺の田畑も調べておいたほうがいいですね。カモは水辺付近の田畑を餌場にしている場合が多いので、水から上がって落穂などを食べている姿をよく見かけます。あとは小川の支流が交差するポイントも餌が豊富なのか、カモがよく群れています。空気銃であれば絶好のポイントになりやすいですね」（西山さん）

カモは猛禽類の襲撃を避けるためか、橋の下に群れていることも多い。特に国道にかかる大きな橋は死角ができやすいので、群れが集まりやすい。道路を車で走っているだけだとなかなか気づかないので、たま

には車から降りて橋の下を眺めてみよう。川岸が泥地であれば、水かきのあるカモの足跡が付いていることも多い。

また、カモの種類によっても群れる水場には違いがある。特にコガモはその代表例だ。コガモはその名のとおりマガモやカルガモなどに比べてひと回り小さく、ビックリするほど狭い灌漑水路などの水場にいることもある。もしコガモをターゲットとして考えている人は、このような場所も積極的に探してみるといい。

最後にカモの猟場を見つける裏ワザを、井戸さんが教えてくれた。「いいカモ猟場には、大抵先人たちが残した空薬莢が落ちています。このような場所は実績のあるポイントと考えられるので、自分の猟場リストのひとつに組み入れてもいいと思います」

空薬莢のポイ捨ては褒められた話ではないが、ハンターが残した痕跡というのも有用な情報源となる。見つけた空薬莢を回収すれば、美観を保ってライバルも減らせる。まさに一石二鳥の妙案といえる。

# 84

## カモの判別が難しい！
## 種類を見分けるコツは？
## 錯誤捕獲を防止する対策は？

ANSWER

## シルエットだけでも判別できるが
## 自信がなければ御三家のオスのみ狙う

最近は自分の猟果をSNSにアップする人も増えた。もちろん、これ自体には何ら違法性はなく、SNSを通じて狩猟の楽しみを共有するという有意義な話にすぎない。しかし、カモ猟の猟果としてアップされた写真や画像を見て、「ん？ そのカモは何？」と驚くことも少なくない。ひと昔前までは「雑鴨」と呼んで、十把ひとからげにカモを撃つ人もいたが、いまこれをやったら当然ながら重大な違反になる。ましてやその画像をSNSにアップしてしまうと、取り返しのつかないことになりかねない。

カモの判別について井戸さんは、「鳥獣判別に少しでも自信がなければ、〝カモ御三家〟のマガモ・カルガモ・コガモのオスだけを狙えばいい」と回答する。これら3種のカモは日本への飛来数が多く、猟場で見かけることも多い。また、他の非狩猟鳥とも比較的見分けがつきやすい。

「マガモのオスは『青首』と呼ばれるように、エメラルドグリーンの頭部が特徴です。胸が栗褐色で首の周りに白い線が通っ

て、遠目からでも3色のコントラストがはっきりわかるので見分けやすいはずです。カルガモは色味が地味ですが、嘴の先が黄色いのが特徴です。嘴の先以外は真っ黒なので、遠目からでもよく目立ちます。コガモは頭部が栗色で、目の周りだけがマガモのようなエメラルドグリーンをしています。他のカモに比べてひと回り小さいため、シルエットからでも判別できますが、トモエガモやカイツブリというよく似た大きさの水鳥もいるので、もし色味がわからなければ撃つべきではないですね」（井戸さん）

マガモの色味によく似た鳥にカワアイサとウミアイサのオスがいる。どちらもクチバシがオレンジ色で細長く、先端が少し曲がっている。色で見分けられなければ、アイサの仲間は他のカモ類よりも体が水中に沈んで見えるため、シルエットで見分ければそれほど難しくはない。カルガモはオスとメスの色がほとんど同じで、遠目からは専門家でも判別は難しいが、カルガモはどちらも狩猟鳥なので問題ない。

左はマガモ、右はハシビロガモ。色は似ているがシルエットが異なる

遠目からカモの種類を特定する必要があるため、図鑑などで特徴を覚えておく必要がある。さらに撃つ前に双眼鏡で確認しよう

マガモとコガモのメスは非狩猟鳥のカモ類のメスに似ている種が多いが、特にマガモのメスとオカヨシガモのメスは非常に見分けにくい。マガモのメスのくちばしには中央の一部に黒味があり、オカヨシガモのメスは上面全体が黒い。混群をつくっている場合は見分けが難しいため、周囲のオスをよく見てオカヨシガモが混じっているようであれば、撃ってはいけない。

## 鳥獣判別に長けた人が偵察してグループを組んで撃ち獲る

カモの判別は図鑑などをよく見て、その特徴を覚えておくことが大切だが、猟場では獲物との距離や光の当たり具合などで色味がはっきりわからない場合も多い。こんなときはどうすればいいのだろう。

「カモ猟に慣れた人とグループを組み、鳥獣判別に長けた人が偵察を行うといいで

しょう。まず偵察手（スカウト）は猟場内のカモの判別ができる場所まで移動し、他のメンバーはカモが飛んでくると予想される位置につきます。偵察手が問題ないと判断したらカモに向かって1発発射し、飛んで行ったカモは仲間が撃ち獲ります。アマチュア無線やデジタル簡易無線機があると便利ですが、偵察手とそれほど距離が離れるわけではないので、安いトランシーバーやLINEなどのグループ通話でもこと足りると思います」（井戸さん）

グループでカモ猟を行うこのスタイルは、いわば鳥猟版の〝巻き狩り〟だ。カモ猟グループに混ぜてもらえれば、猟場の選定や鳥獣判別を慣れた人に任せることができるし、次項で説明する「回収」も効率的だ。なお、もし非狩猟鳥を撃ってしまった場合、確認した偵察手ではなく、撃った人が罪に問われるということを覚えておこう。

# 撃ち落としたカモが水面に落ちた
# どうやって回収する?
# 方法と道具を教えて

ANSWER

## 基本はカモキャッチャーか猟犬だが
## 回収手段はいくつか用意しておく

　狩猟は獲物を〝回収〟するところまでがセットだ。カモ猟でも水面に撃ち落としたカモを目の前にして、呆然と立ち尽くすことがないように、あらかじめ回収方法を検討しておかなければならない。そもそも回収に困るような状況では、撃つべきではないと話すのは井戸さんだ。

　「溜池などの狭い猟場では、カモがこちらに気づいて遠ざかるように逃げることもあります。こういう状況で撃ち落としても回収が難しくなるため、撃つべきではないと思います。また、水面までが崖のようになっていて、足場の悪い急傾斜を下りていかなければならない場所や、低木が密集した深い藪で移動もままならないような場所でも、撃つべきではありません。猟場の選定では『撃ちやすいか』だけでなく、ちゃんと回収できる場所かということまで考えておく必要があります」

　もしカモが遠くに落ちたとしても、どこかに水の流れがあれば、それに乗ってカモが運ばれてくることもあるし、風の力で風

下に運ばれてくることもあるので、しばらく待っていれば回収できるケースもある。

　しかし、そうそう都合よくいかない場合や、水面境界が泥状になっていて足を踏み入れられない場合もある。そんなときはどうすればいいのか、佐藤さんに聞いた。

　「一般的なのは、カモキャッチャーやタモ網を使う方法です。カモキャッチャーとはカワハギ用のハゲ針とオモリと大きいウキが付いた釣り竿のことで、カモめがけて投げて針に引っかけ、リールを巻いて近くまで引き寄せて、タモ網ですくいます。市販品もありますが、使いやすいものを自作しましょう。倒木などの障害物があってタモ網が出せないことも想定して、イカを引っかけるギャフをタモ網の先につけられるようにしておくといいでしょう」

### 半矢で逃げるカモもつかまえる
### カモ猟犬のレトリバー

　カモ猟の回収には、猟犬が使役されることも多い。「2頭のレトリバーがカモ猟で

ウキとカワハギ針で自作
したカモキャッチャー

カモを回収するラブラドールレトリバー

大活躍している」と話すのが広畑さんだ。
「うちの犬たちは水面に撃ち落としたカモ
を回収するだけでなく、半矢になって陸に
上がって逃げようとするカモや、潜って逃
げようとするカモを捕まえる役目もありま
す。懸命に泳いで獲物を追いかける猟犬た
ちの姿を見ると、狩猟とはまた違った楽し
さを感じます」

　レトリバーは撃ち落としたカモが、バ
シャン！と着水するときの音で獲物の位置
を把握するため、浮かんでいるカモを撃つ
空気銃猟では、あまりうまく回収できない
という意見もある。
「ベテランのハンドラー（猟犬を操作する
人）たちは、笛の音で『右！左！』といっ
た指示を犬に出し、浮いているカモを回収
させています。レトリバー種は頭がいいの
で、こうした芸はすぐにマスターします」
と佐藤さんは補足する。

　カモキャッチャーと猟犬以外の回収方法
として、佐藤さんはカヤックを挙げた。
「カヤックがあれば回収が楽なうえ、カモ
猟のスタイルが大きく広がります。カヤッ
クでのカモ猟のコツは、常に獲物をカヤッ
クの左舷側（左利きの人は右舷側）に捉え
ておくことです。銃を構えた状態では左舷
側に体は回せますが、右舷側には回らない
ためです。獲物への近づき方だけでなく、
方向も考えてパドル操作する必要がありま
す。葦の下に隠れているカモに突撃を試み
て、驚いて飛びあがったところを撃つとい
うテクニックもあります」

　猟にも回収にも便利なカヤックだが、転
覆や浸水には十分注意しよう。カヤックに
乗るときは必ずライフジャケットを着用し、
銃と体にはツールストラップ（スパイラル
コードが付いた落下防止用の紐）を付けて
おく。万が一銃を水に落とした場合は、す
ぐに家に帰って分解清掃し、パーツはすべ
てドライヤーを使って完全に乾かす。佐藤
さんによると、「銃は自然乾燥させると錆
の原因になるので、ここさえ気をつけてい
れば、水没させてもまた使えるようになり
ます」とのことだ。

# 日本の国鳥キジだが
# どのように捕獲する?
# 捕獲の際の注意点も知りたい

ANSWER

## 散弾銃と空気銃では戦略が分かれるが
## 散弾銃なら猟犬を使う猟法が人気

日本の国鳥キジは、狩猟においても古くから愛されてきた鳥だ。真っ赤な頭部に緑色の腹、羽には複雑な文様があってとても美しい。「国鳥を狩猟するとはいかがなものか?」という意見もあるが、それは違う。キジは狩りでもおもしろく、食べてもおいしいと愛されてきた鳥だからこそ、日本の国鳥になったのだ。ちなみに、ハシゴを外すようだが、日本の法律に国鳥を指定する記述はない。これは1947年に日本鳥学会が独自に選定した話であり、つまりキジは日本国の〝非公式〟国鳥なのだ。

公式にせよ非公式にせよ、狩猟者に古くから親しまれてきたキジだけに、その猟法も多彩だ。最も一般的で人気の高い猟法といえば、やはり猟犬を使役するスタイルだ。「わが家ではカモ猟のレトリバー2頭に加え、セターという犬種も飼っています。セターはニオイなどでキジが潜むボサ(草むら)を探知すると、セッティングと呼ばれる『伏せ』のような動作をとります。この動作をした段階で銃を構えて合図をすると、

セターが飛び掛かってキジを飛ばすので、すかさず撃ち落とします」(広畑さん)

キジ猟ではセターをはじめ、ポインターやブリタニーといった犬種を使役した猟法も人気が高い。英国発祥の「フィールドトライアル」と呼ばれる鳥猟犬の競技もあり、ドッグスポーツとして人気を博している。

猟犬を使役しないキジ猟については、鳥猟に詳しい佐藤さんが回答してくれた。「散弾銃を使う場合は、踏み出し猟という方法がよく用いられます。これは単純にキジの居場所となる草地をガサガサと音をたてながら進んでいき、驚いたキジが飛び立ったら撃ち落とします。キジはとても辛抱強い鳥なので、どんなにこちらが近づいても逃げ出しません。あと2、3歩というところで、やっとドドドド!という大きな羽音とともに飛び上がるので、あわてずに弾を込めて発砲します。使用する散弾銃は素早い装填ができる上下二連式か、水平二連式がおすすめです」

佐藤さんは猟仲間と2人で踏み出し猟を

本人は隠れているつ
もりと思われるが、
丸見えのキジ

ボサからゆったりと飛び立つキジ

やるときに、お互いの体をロープで結び、数メートル間隔を空けて真横に並んで前進するという。「ロープが草をガサガサと鳴らすので探索範囲が広くなり、捕獲効率が上がります」というが、絶対に仲間のほうに銃を向けないように注意が必要だ。

## 警戒のためにボサから出た
## オスの赤い頭を空気銃で狙う

さらに佐藤さんは、「空気銃ならもっと簡単に仕留めることができる」と話す。「猟期中のキジはオスが複数のメスを連れて、ハーレムをつくっています。このときのオスは他のオスを警戒して、ボサの中から赤い頭をピョコンと出していることも多いので、比較的簡単に見つけることができます。空気銃によるキジ猟では、この赤い頭を狙って撃つだけです。発砲音やペレットが外れた音に反応して、キジは体を縮こまらせますが、逃げはしません。赤い頭はスコープ越しでもよく目立つので、初心者

でも簡単に捕獲することが可能です」

空気銃によるキジ猟は、パワー不足という理由でこれまであまり行われてこなかったが、ハイパワーPCPの登場によってこうした猟も可能となった。

なお、キジは畑の中などボサ以外の場所でも、よく見かけることがある。

「特に雨の日は人間が出歩かないためなのか、キジが畑で餌を食べている姿をよく見かけます。雨の日に車で流し猟をしながら穀物畑などを回り、キジがいたら撃つというスタイルもあると思います」（西山さん）

なお、キジの流し猟をする場合、道路用の測量杭の先端部の赤を、キジの頭と勘違いすることもあると佐藤さんは指摘する。流し猟は動体視力ではなく、パターン化された記憶と視覚情報と照合して獲物を発見するため、測量杭の赤色のようなものを見ると勘違いが起こる。「いたっ！」とあわてて急ブレーキをかけ、後続車に追突されないように注意しよう。

# 鳥猟での服装は?
# 迷彩服を着る効果はある?

**ANSWER**

## 誤射の心配がなければ普段着もOK
## 迷彩柄の効果はそれほどない!?

鳥猟の伝統的な服装といえば、鳥打ち帽子（ハンチング）に前合わせのノーフォークジャケット、そして足元には高さのあるハンティングブーツといったイメージがある。どこかイギリス貴族をまねたような服装だが、往年の鳥撃ちハンターにはこのような服装を好む人も意外と多い。

狩猟用ウェアはオレンジ系のベストを着用すると書いたが、このオレンジベストの着用は法律上の義務というわけではない。したがって、誤射の危険性が極めて低いと思われるような猟法と状況で、万が一事故が起こっても〝自己責任〟という覚悟があれば、誰にも迷惑はかからない。もちろん、鳥猟においても誤射防止のためにオレンジベストを着用することが望ましいが、伝統的な鳥撃ちの服装をすることで気分を高めたとしても、法的にはなんら問題はないのである。

なお、猟友会の規定には「大日本猟友会ベストと安全帽子を着用していない場合は、猟友会からの共済金は満額降りない可能性

がある（保険会社が取り扱うハンター保険には服装に関する規定はない）」とある。これが滑落や落石といった服装とは関係のない事故にも適用されるのかは不明だが、服装を選ぶ際の判断材料にして欲しい。

さて、今回の回答者に鳥猟の服装について尋ねたところ、答えはバラバラだった。「カモ猟やキジ猟では夫、若手、ベテランさん含めたグループで行動することが多いのですが、皆さん服装はバラバラです。私はニット帽子に、リアルツリー柄のジャケットを羽織ることが多いです。夫は市販のキャップとオレンジ色のジャケット、ベテランさんは猟友会指定の帽子とオレンジベスト、そして若手の人はアウトドア用ウェアが多い印象です」（広畑さん）

普段は大物猟がメインという東さんは、猟期中にたまにカモ猟に出ることもあり、「鳥猟でも猟友会帽子とベストを着ていますが、腰に弾帯を巻いたり、ベストの上からバンダリアをかけたりしています。ベストの下は、リアルツリーカモフラージュ柄

鳥猟に猟友会ベストを着ていく人も多い

普段着で鳥猟をする佐藤さん

を着用していることが多いですが、特別こだわりがあるわけではありません」という。

## ハンターだと気づかれないように あえて普段着で鳥猟をする

　鳥猟では迷彩柄の服を着用している人をよく見かけるが、これには何か効果があるのだろうか。佐藤さんは迷彩服の効果については疑問があると話す。

　「迷彩柄の服を着たからといって、鳥に認識されづらいという効果はないと思います。というのも、鳥類は人間よりもはるかに優れた視力と色覚を持っており、イノシシやシカのような色による迷彩効果はほとんどありません。また、身長差という問題もあります。東京のお台場に20mのガンダムの模型がありますが、人間とカモやキジの身長差はあれと同じです。あなたがどんなに鈍感でも、ガンダムが近づいてきたら遠

くからでもわかるはず。たとえ迷彩服を着ていたとしても、巨大な人間がゆっくり近づいてくれば鳥達には丸わかりです」

　なお、佐藤さんは鳥猟には普段着でいくそうだが、これは鳥にではなく〝人間に対する配慮〟からだと説明する。

　「不本意な話ですが、一般の人たちの中には狩猟のことをよく思わない人も大勢いるので、狩猟をしていると警察に通報されることがしばしばあります。こちらは法律に則って狩猟をしているので文句を言われる筋合いはないのですが、通報を受けた警察も一応は事情聴取をしなければなれません。何事もなく解放されたとしても、せっかくの貴重な時間をつまらないことでつぶされたくないので、人目につきやすい可能性が高い場所での鳥猟では、獲物ではなく人間に『ハンターだ』と気づかれないことのほうが、重要なのです」

# 鳥猟で使う車は
# どんな車種がいい？

## 獲物が小さいので普通車でOK
## 鳥猟では自転車やバイクという選択も

　狩猟には車が必需品だが、鳥猟は大物猟に比べると獲物の大きさが格段に小さい。猟場を回るとか獲物を運ぶというだけなら、特に車がなくても猟は成立する。

　「人目につく場所での猟では、服装と同じように乗る車も、ひと目でハンターとわかるような車種は避けたほうがいいと思います。私はハイエースを使っていますが、この車はどこから見ても〝業務車両〟にしか見えません。川で獲物の回収をするときは、黄色と黒のトラコーンを車から出して配置するので、偽装工作もバッチリです」と話すのは佐藤さんだ。周囲に悟られない工夫は、〝ステルス機並み〟だが、銃砲店のお客さんを連れて狩猟ツアーを行う佐藤さんとしては、万が一にも嫌がらせで通報されることは避けたいということで、これほどまでに気をつかっているのだそうだ。

　車両の偽装工作については、井戸さんからも興味深い話が聞けた。

　「知り合いが『狩猟中』と書いた紙をダッシュボードに置いて山に入り、戻ってみる

とタイヤがパンクさせられていたそうです。狩猟中の表示を出すことで、万が一の事故のときに発見リスクが高くなると考えたようですが、こういう話を聞くと狩猟車であることを周知するのは、デメリットのほうが大きいと感じますね」

　もはや嫌がらせを超えて完全に犯罪行為だが、狩猟者がいくら自分たちの権利を主張したところで、そういった人の考え方を変えることは難しい。だとすれば、狩猟者側が「無用のトラブルを避ける」という選択をするのが現実的だ。佐藤さんが言うように、いかにもハンター然とした車ではなく、ごく普通の乗用車がある意味、一番目立たないのかもしれない。

　少し話はそれるが、狩猟車に対して好意的な対応もあると東さんは言う。

　「私が通っている集落は、鳥獣被害が非常に激しいエリアです。そのため狩猟のステッカーなどを車に張っていると『ご苦労様、このあたりにシカが出てくるよ』という情報をもらえることもあります。集落の

空気銃をギータケースに入れて
自転車で鳥猟をするハンター

どう見ても工事作業車にしか見えな
いハイエースに乗った佐藤さん

人の中には、車種で私のことを覚えてくれ
ている人もいるので、乗っている車は猟師
としての顔でもあるのです」

## 空気銃を車で運ぶときは振動で
## スコープが狂わないように注意

　鳥猟で猟場を車で回るときの注意点は、
まだあると佐藤さんは言う。
　「毎年のように通っている場所でも、年に
よっては周辺の道が工事されていることも
あります。以前、いつもの河川敷が拡張工
事を行う予定だったらしく、草刈りがされ
ていませんでした。てっきり草がある場所
は地面だと思い、バックをしたら思いきり
脱輪してしまいました。完全に走り慣れて
いるがゆえの思い込みですね」
　さらに、車で空気銃を運搬する際は、ス
コープがあちこちにぶつからないように注
意する必要があるという。
　「特に山道やあぜ道を走ると、車体が上下
に揺れます。揺れによる振動はスコープが
狂う原因になるので、しっかり固定して運
んでください。また、一部のPCPではデ
コッキング状態で運搬すると、内部のスト
ライカーがガタガタ振動して、故障の原因

になります。もちろんペレットを装填して
はいけませんが、こういった空気銃はコッ
キング状態で運搬する必要があるかもしれ
ません。どのような銃種でこのようなトラ
ブルが発生するかについては、空気銃に詳
しい銃砲店に尋ねてください」（佐藤さん）
　今回の回答者の中にはバイクや自転車を
使う人はいなかったが、よほど長距離移動
でもしない限り、鳥猟は二輪車両でも十分
行うことができる。特にバイクは、狭い山
道でも簡単に方向転換やバックができるの
で、機動性にも優れている。
　ただ、「ものすごく寒い」というのが唯
一の欠点といえば欠点だが、折り畳み自転
車を使っている人は、猟場の駐車スペース
まで車に自転車を積んで移動し、そこから
先は自転車で回るという〝組み合わせ型〟
の人も多い。
　「ただ、バイクや自転車で移動中も、銃は
できるだけ偽装しておいたほうがいいで
しょう。散弾銃は分解（テイクダウン）し
てリュックに入れ、テイクダウンのできな
い空気銃は、長さのあるギターケースやゴ
ルフバッグに入れれば、違和感なく持ち運
ぶことができます」（佐藤さん）

# ヤマドリを捕獲したい
# どんな方法で獲ればいい?

ANSWER

## 非常にストイックな猟法が多いが
## 近年は単独猟や流し猟でも捕獲できる

その名のとおり、山に棲む霊鳥ヤマドリは、古くから狩猟者垂涎のターゲットだった。そのため、ヤマドリ猟には伝統的な猟法がいくつもある。なかでも〝沢下り〟は、鳥猟の最高峰と評されることも多い猟法だ。雪が降り積もるなか、単独で沢を登って身じろぎひとつせずに、息を殺してヤマドリが飛んでくるのを待つ。山の上方から谷を目指してヤマドリが一気に急降下してきたら、素早く銃を構えて撃ち落とす。聞きしに勝るストイックな狩猟スタイルだ。

ヤマドリの沢下りを体験したことがある佐藤さんは、次のように話す。

「農地などに張られたビニールテープが風になびくと、ブーンという音を立てますが、ヤマドリが沢下りをしてくる羽音もまさにあんな音でした。ヤマドリは沢の上から飛んでくるので、飛んでくる方向とスピードは、ちょうどスキートの8番射台のようなイメージですね。残念ながら、そのときは木が邪魔して射角をとれなかったのですが、あの一瞬で撃ち取るには、かなりの慣れと

射撃の腕が必要になると思います」

ヤマドリ猟には〝渓底狩り〟というスタイルもある。これはヤマドリが早朝に、谷底へ水を飲みにくるところを待ち伏せして撃ち取る猟法だ。ヤマドリの移動ルートはある程度決まっていて、歩いて移動するという特徴がある。古くはヤマドリの移動ルートに罠を張って捕獲する猟法もあったが、現在では鳥を罠にかける猟法は禁止されている。佐藤さんはこの渓底狩りに、なんとエアライフルで挑戦したという。

「雑誌の取材で挑戦してみたことがありますね。雪が積もっていると、ヤマドリの長い尾が引いた直線状の跡が雪の上に残されます。これを追いかけていくことで、ヤマドリを見つけるわけです。ヤマドリの水飲み場には糞が落ちていることも多いので、これを見つけて待ち伏せる手もあります」

ヤマドリ猟にはこれら以外にも、柴犬を使役して「キツネ」と勘違いしたヤマドリを木に登らせて撃ち取る猟法などもあるが、近年はその様子が大きく変わっている。

「最近はシカ目的の単独猟で山に入り、ヤマドリがいたら撃つという感じです。往年のヤマドリ猟師からは『それではヤマドリ猟の趣がない！』と叱られそうですが、実際に若いハンターたちとヤマドリの話をしても、単独猟で仕留めるパターンがほとんどです。単独猟でヤマドリもターゲットにする人は、シカ用のスラッグ弾に5号や6号弾を2、3発混ぜて山に入っていますね」と佐藤さんは言う。

## 車に対して警戒心を抱かないので林道近くで仕留める機会も多い

近年はヤマドリを流し猟で獲る人も多い。これは林道に車で入り、林道の終点に突き当たったら転回して戻ってくるという、ごく単純な猟法だ。「ヤマドリは警戒心が非常に強い」と古い狩猟本には書かれているが、車に対してはまったくと言っていいほど警戒心を抱かない。そのため、林道や沢筋をチョコチョコ歩いているヤマドリを見かけたらそのまま通り過ぎて、死角に車を停めて銃で仕留めるわけだ。風情のかけらもないかもしれないが、ヤマドリ生息域に開発の手が伸びたことで生まれた、新しいヤマドリ猟法といえるだろう。

ヤマドリと車の関係について、佐藤さんが興味深い話をしてくれた。

「私がニュージーランドに住んでいたとき、ホンダのスーパーカブに乗っていたんですが、あるときクジャクが走ってきて、スーパーカブに対して羽を広げて求愛をしてきました。おそらくブレーキランプあたりの色が、クジャクにとってセクシーに見えたのでしょう（笑）。クジャクやキジ、ヤマ

ドリ、コジュケイといったキジ科の鳥は、求愛に対して特に積極的な動物です。ヤマドリは日本の固有種なのでその辺の猟法はまったく確立されていませんが、もしかするとラッティング効果のあるデコイをつくっても、おもしろいかもしれませんね」

補足だが、キジを捕獲する目的でキジ笛を使用すること、キジ・ヤマドリに対する電気音響機器の使用は、乱獲につながるため禁止猟法となっているが、この規制はキジ科の鳥に対する誘引効果の高さを示すものとも考えられる。キジやヤマドリのデコイや、コジュケイのコールなどは規制対象ではないので、古い猟法を知るだけでなく、かつてないまったく新しい猟法を生み出すのも、おもしろいかもしれない。

伝統的な矢羽はヤマドリの羽

独特の羽の模様を持つヤマドリ

# 90

## 身近に生息する小鳥 ヒヨドリやキジバトは どうやって捕獲する?

ANSWER

## 空気銃での流し猟や待ち猟が主流 撃ち落とす際は回収のことも考える

数十年前の狩猟の書籍を見ると、「狩猟はハト撃ちに始まってハト撃ちに終わる」という文言がしばしば登場する。いわゆる「狩猟初心者は空気銃のハトを撃ちから入り、慣れてきたら散弾銃へ。老年になったら体力のいらない空気銃猟に戻る」といった趣意であり、当時、空気銃がいかに〝格下〟の扱いをされていたかがよくわかる。もちろん、これまで述べてきたとおり、ハイパワーPCPの登場により、銃猟において空気銃は散弾銃に匹敵するシェアを確保しつつある。そればかりか、鉛弾規制や猟場環境の変化などで、空気銃と散弾銃のシェアが逆転するといった未来も十分あり得る。

さて、旧来は「キジバトが飛んでくる木を見つけて、その下でジッと待っている」というのが、空気銃におけるキジバト猟のスタイルとされていた。しかし、ハイパワーPCPでは、また違った猟法が行われる。「キジバトもキジと同じく、流し猟です。猟場を車で巡って、キジバトが木に止まっていたら撃つというシンプルな猟法です。昔の

空気銃は射程が10m程度でしたが、ハイパワーPCPは100m先でもキジバトを撃つことができます」(佐藤さん)

最近はキジバトのシナントロープ化が著しく進んでいるため、かつてのような一般的なドバトを「家鳩」、キジバトを「山鳩」と呼ぶ住み分けは当てはまらなくなりつつある。いまやドバトもキジバトも人間の生活圏内に広く生息するようになっただけでなく、シナントロープ化したキジバトは山にいるキジバトに比べて、圧倒的に警戒心も緩い。普段すぐ近くでみかける無害な人間が、まさか銃口を向けてくるとは思いもしないのだろう。

もちろんキジバト猟には伝統的な〝待ち猟〟スタイルで挑む人も多い。「キジバトは移動中にいったん休む木があらかじめ決まっています。そこで、その木の近くに身を潜め、飛んできたところを撃ち落とします。使用する銃は空気銃でも散弾銃でもいいです」(西山さん)

キジバトの待ち撃ちは、獲物が飛んでく

散弾銃で飛んでいるヒヨドリを狙う

のんびりと料理をしながら待ち猟を楽しむ

バードウォッチング用のカモフラージュテントから狙う

るのをただひたすら待つだけという牧歌的な猟法だが、寒風吹きすさぶなかで待つのはなかなかつらい。防寒対策は必須だ。また、キジバトを複数人で追いまわす方法もある。これは1人が猟場を歩いてキジバトを飛ばし、残りの人がキジバトの止まりそうな木のそばで待ち構える猟法だ。

## ヒヨドリが近づいてくると
## ヒヨ！ヒヨ！という鳴き声でわかる

ヒヨドリは平成6年から狩猟鳥獣に指定された新しいターゲットだ。そのため、ヒヨドリの伝統的な猟法は存在しない。ヒヨドリの捕獲方法について、西山さんは次のように回答する。

「ヒヨドリもキジバトと同じ要領で、飛んでくる木の近くで待ち構えます。ヒヨドリは羽ばたくときに『ヒヨ！ヒヨ！』と声が漏れるので、キジバトよりも近づいてくるのがわかりやすいですね」

飛んでいるキジバトやヒヨドリを散弾銃で撃つ場合、キジバトの動きやスピードはクレー射撃のトラップとほぼ同じだ。これ

は偶然ではなく、もともとクレー射撃では実物のハトを撃っていたという歴史があり、クレーの正式名称はクレーピジョン、射出機の操作をする人をプーラー（ハトの入った箱の紐を引く人）、射出機のトラブルなどでクレーが放出されなかったときの「ノーバード」という専門用語も、すべてハトに由来する。

ヒヨドリは「波状飛行」という羽ばたきと羽閉じを繰り返す飛び方をするので、散弾銃で狙う場合は、進路と止まるタイミングをよく見計らって照準を定めよう。なお、飛んでいるキジバトやヒヨドリを撃ち落とす際は、その場所をよく覚えておく必要がある。木に引っかかったりすると、探し出すのに苦労する。

「キジバトもヒヨドリも小さな鳥なので、どこに命中させても仕留められると思われがちですが、意外と矢に強いです。パッ！と羽が散ったものの、そのまま飛んで逃げていくことがよくあります。小鳥だと見くびらずに、しっかりと頭を狙うようにしてください」（佐藤さん）

# 91

## ヒヨドリやキジバトが集まる「止まり木」の見分け方は？どうやって待ち伏せする？

ANSWER

その鳥が好む食べものの近くにある〝集まりやすい木〟を探してみる

キジバトやヒヨドリを待つ場合、まず止まり木を見つける必要がある。そのためには、鳥たちにとって〝集まりやすい木〟とはどのようなものなのかを、知らなければならない。この疑問について、広畑さんは次のように答えてくれた。

「まずは鳥たちの餌場を探しましょう。キジバトの場合、早朝に大豆畑や小麦畑のような場所で餌を採るので、こうした畑のそばに立っている木には、集まってきやすいと思います。ヒヨドリはミカン畑などに近い場所によく群れています。ヒヨドリはキャベツなどの甘い葉物野菜を食害する鳥でもあるので、こうした畑の近くにある木も格好の猟場です」

キジバトは餌場に下りる前に、餌場を見渡せる場所にある木に止まって、周囲を確認する習性がある。そのため、双眼鏡で観察すると、キジバトが一本の木に鈴なりになっている姿もよく目にする。その木を覚えておいて、後日、そこで待機してキジバトがやってきたところを、遠くから狙撃す

るという猟法がよくとられる。

ヒヨドリの場合、先にミカン農家の人に話を通して、ミカン畑の中で待機するという手もある。ミカン農家にとってヒヨドリは果実を食い荒らす天敵でもあるので、快く受け入れてもらえるはずだ。ただし、散弾銃ではミカンを傷つける危険性もあるので、空気銃を使ったほうがいいだろう。

また、ヒヨドリは時期によって餌場を大きく変える習性がある。特に2月頃の寒冬期になると、ミカンよりも油質が多いセンダンなどの実をよく食べに集まる。どのような実がどこに生えているかは、猟期以外でも調べられるので、しっかりとチェックしておこう。

### キジバトは居場所を変えるので時間帯を変えて何度か訪れてみる

流し猟の場合は探索範囲が広いため、わざわざ止まり木を気にする必要はないと佐藤さんは言う。

「ある程度猟場となる場所を決めておき、

木に止まっているのを見つけたら撃つという感じです。ただ、日中、キジバトは居場所をコロコロ変えるので、同じ猟場も時間を変えて何度か回ると、最初にきたときはいなかったとしても、数時間後にくると群れていることもよくあります」

　古い狩猟の書籍を見ると、キジバトは警戒心が強い鳥と書かれていることが多い。これは確かにそのとおりなのだが、シナントロープ化した鳥たちはその限りではないようだ。キジバトを見つけたら、その前を車で通り過ぎて30〜40mほど先で車を停める。キジバトの視界に入らないようにコッソリと運転席を降り、目を丸くしているキジバトにゆっくりと照準を合わせよう。また、キジバト猟ではデコイを使った方法もあるという。

「キジバトが好きそうな木に、ハトのデコイを並べておきます。すると、別の場所で追い立てられたキジバトが『仲間がいるから安全だ』と思い、その木に止まります。置くデコイの数が多ければ多いほど、キジバトも安心します」（佐藤さん）

　ただ、デコイを数多く用意するにはそれなりのお金がかかる。佐藤さんによると、「何度か実験したことがあるのですが、キジバトはシルエットで仲間かどうかを認識しているようなので、おそらくダンボールをハト型に切り抜いたものでも効果はあると思います」とのことだ。

　日本ではあまり知られていないが、海外ではカナダガンのデコイとして写真を切り抜いたものが使われていたりもするので、試してみる価値はありそうだ。さらに、キジバトをコールで呼ぶ方法もある。海外で

車で近づいてもキジバトは逃げない

まるで本物のようなキジバトのデコイ

遠目からでもよくわかる〝ハトの成る木〟

使われているハト笛の音は、日本のキジバトの鳴き声とは音が少し異なるが、興味のある人は吹き方を変えて、どのように吹けばキジバトを呼べるのか工夫してみるのもおもしろそうだ。

# 92

## 猟鳥の女王ヤマシギや
## 同じシギ科のタシギは
## どうやって捕獲すればいい?

**ANSWER**

生息数減少により〝珍鳥〟に
飛来情報は愛鳥家から入手する

　〝猟鳥の女王〟と称されるヤマシギは、日本のみならず西洋諸国でも格調高い猟鳥として知られている。その長いクチバシと黒くてつぶらな瞳、そしてフワッと静かに舞い上がるときの可憐な姿は、まさしく女王の風格。ヒラリヒラリと空を舞い、照準を合わせるとピタリと停止する曲芸まで見せるヤマシギは、銃の腕の真価が問われる難しい猟……と、古い狩猟書籍には書かれている。しかし、実のところ現在ではヤマシギを猟場で見かけることは滅多にない。

　ヤマシギは1980年代以降、生息数の減少が叫ばれており、京都府では2002年にレッドリストの絶滅危惧種に登録され、狩猟が禁止されている。ただ、ヤマシギは渡り鳥なので正確な生息数調査は難しく、科学的データに基づく生息数は解明されていない。ヤマシギは日没後に湖沼や水田、川原などに飛んできて、夜間ずっと餌を探し歩くのが特徴。薄暗い林間などでは昼間も採餌を行い、主に地中のミミズをはじめ昆虫、甲殻類などを好むことが知られている。

なかなか出会う機会のない〝珍鳥〟ゆえ、回答者で捕獲経験がある人はいなかったが、佐藤さんは次のように教えてくれた。

　「ヤマシギは『山にしかいない』と思われがちですが、そういうわけでもありません。事実、私が猟場にしている小川の支流では、他の鳥に混じって極たまに見かけることがあります。こういった場所に出てくるようなヤマシギであれば、空気銃を使って仕留めることができます。山の中でヤマシギを見つけるのは、ほぼ不可能と言ってよいでしょう。ヤマシギの羽は冬山の草木に色がそっくりなので、たとえ足元にいても気がつきません。伝統的な猟法のように猟犬を使って飛び立たせ、そこをうまく散弾銃で仕留めるしか方法はないと思います」

### 種の同定が難しいタシギ
### 渡りの時期から判断する方法もある

　ヤマシギと同じシギ科の鳥であるタシギもまた、数を減らしている鳥だ。泥が堆積した河原や干潟では比較的多く見られ、い

## シギの見分け方　※⚠マークのある鳥は非狩猟鳥

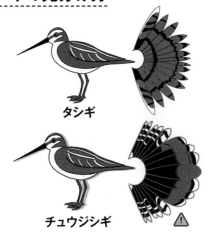

タシギ

チュウジシギ ⚠

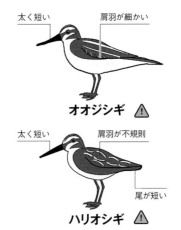

太く短い　　肩羽が細かい

オオジシギ ⚠

太く短い　　肩羽が不規則

尾が短い

ハリオシギ ⚠

まだに狩猟鳥として人気が高い。しかし、タシギ猟で問題となるのは、その同定が難しいことだ。タシギ科にはオオジシギやチュウジシギ、ハリオシギなどがいるが、これらはタシギとほとんど見分けがつかない。古い狩猟本にも「白っぽく見えるシギは撃つな」と、曖昧な書かれ方がされており、昔からタシギの同定が難しかったことがうかがい知れる。

　タシギを見分ける方法はないのか、鳥に詳しい佐藤さんに聞いた。

「これはあくまでも私が住んでいる埼玉県加須市での話ですが、タシギと他のシギとでは渡ってくる時期が違います。11月中旬以降にいるシギは、ほぼタシギと見ています。もちろん双眼鏡で覗いて、しっかり観察する必要がありますが」

　渡り鳥の〝渡りの時期〟を知ることで、種類を同定しやすくするというのはひとつのテクニックだが、こうした知識はどのように仕入れればいいのだろう。

「私は鳥関連のクラスタ（※SNS上でその分野に興味がある人たちがつながっているグループのこと）に出入りして、飛来情報などを集めています。狩猟者の中には愛鳥家の人たちから〝敵視〟されていると思っている人が多いですが、実際はそんなことはありません。もちろん動物愛護やヴィーガンといった属性を持つ人は例外ですが、愛鳥家の中には狩猟に寛容な人も多く、こちらから仕留めた鳥の羽や骨などをあげると、とても喜んでくれます」（佐藤さん）

　シギ類に限った話ではないが、鳥猟をするなら〝猟〟の話だけでなく、〝鳥〟自体に興味を持つことも大切だ。狩猟をよく思わない人の前に躍り出る必要はまったくないが、寛容な人たちとは進んで関係を築いて、相互に情報を交わすのは今後の狩猟界全体の発展にもつながるはずだ。そのためにも、狩猟者の義務とされる捕獲数の報告書類はしっかりと記入し、鳥類の調査ボランティアなどにも積極的に参加してみよう。

# 93

## 農業被害が大きいカラスだが
## どうやれば捕獲できる？

ANSWER

## カラスの知能の高さを逆利用して
## 芋づる式に捕獲する方法もある

佐賀県伊万里市で銃砲火薬店を営む岡部さんのところには、「カラスの死骸が欲しいから」という理由で空気銃を買いにくる客が多いという。知らない人からすればギョッとする話だが、カラスによる農業被害の深刻さを物語る話だ。

「カラスを捕獲する目的で空気銃を買いにくるのは、ほとんど有害鳥獣駆除の人です。話を聞くとカラスによる被害はすさまじく、特に果樹農家さんは死活問題になるほどだと聞きます。カラスは非常に頭がよく、単純な防衛策では見破られてしまうため、唯一、対策として効果が高いのが、カラスの死骸をカカシのように果樹畑にぶら下げておくことなのだとか。これでカラスが『ここは危険だ』と判断すると、しばらく近寄ってこなくなるそうです」（岡部さん）

令和元年度の野生鳥獣による農作物被害状況の報告書によると、カラスによる被害額は1億3千万円。これはシカの5億3千万円、イノシシの4臆6千万円に次ぐ被害額であり、鳥類被害だけだとその42％がカ

ラスによる被害だ。

もちろん、カラスのすべてが人間にとって害鳥というわけではない。「カラスを撃って追い払って欲しい」と狩猟者に訴えかける果樹農家の隣に、「カラスはタニシを食べてくれるから撃たないでくれ」と訴える米農家がいるという現実もある。ある漁港でカラスを一斉駆除したところ、廃棄された魚の残滓を食べる鳥がいなくなり、町中が魚の腐敗臭であふれ返ったという事例もある。カラス被害に限った話ではないが、人間と野生鳥獣の関係は〝バランス〟の問題であり、その微妙なバランスの調整役となるのが狩猟者なのである。

では、日常生活で〝見つけられない〟ほうが難しいカラスだが、実は彼らを捕獲するのは非常に難しい。実際にカラスを駆除する人の中には、農家の服装でカラスに近づくという、さながらゲリラ兵のような作戦を取る人も多い。たとえ1回目はうまく近づいて射撃ができたとしても、2回目以降は車を見ただけで逃げていく。カラスと

カラスのデコイ

いわゆる〝カラスの葬式〟の様子

はそれほど頭がいい生き物なのだ。

## デコイとスピーカーを使って
## カラスの葬式で大量に捕獲

　そんなカラスにも、ひとつだけ効果的な捕獲方法があると佐藤さんは言う。

　「『カラスの葬式』という現象があるのですが、これをうまく利用することで大量に捕獲することも可能です。これはカラスを1羽仕留めると、どこからともなく大量のカラスが飛んできて、死んだカラスの周りをグルグルと周回する習性です。カラスの葬式が始まったら、あとはシンプルに飛んできたカラスを次から次へと撃ち落とすだけです。このときバードウォッチング用のカモフラージュテントに隠れていると効果的ですが、100円ショップなどで売られている、園芸用のブラインドをかぶっているだけでも効果があります」

　カラスがなぜ死んだ仲間の周りをグルグルと飛ぶのかは、いまだに解明されていない。米ワシントン大学の生物学の研究者が発表した論文によると、自分たちが同じ目に遭わないために、「仲間が命を落とした理由」を見極めているらしいとのことだが、正確なところはわからない。しかし、カラスの知能の高さを利用した効果的な猟法であるといえるだろう。

　ただし、この方法では1羽目のカラスをどうやって仕留めるかという問題が残る。「カラスのデコイでも効果はあります。ただ、デコイだけではカラスに気づかれないため、コールもあわせて使います。シカやカモのように市販のカラス笛があるので、仲間に危機を知らせる声をまねて呼び寄せることができます」（佐藤さん）

　カラス笛が手元になければ、スマートフォンと大音響のBluetoothスピーカーでも効果がある。まず、スピーカーを猟場の中央に置いて枯れ草などで隠しておく。その近くにデコイを差し、カラスの鳴き声を大音量で流す。カラスの鳴き声は「Crow Alarm Sound」で検索すれば見つかるはずだ。この音をリピートで流しておくと、数分後には数羽のカラスが偵察に飛んでくる。その中の1羽を散弾銃で撃ち落とすことで、あとは芋づる式にカラスが寄ってくるという寸法だ。

# 94

## 鳥猟では必須のアイテム
## 双眼鏡はどのように選ぶ？
## おすすめの価格帯は？

視界のクリアさで値段は決まる
機能を考えると3万円以上がおすすめ

双眼鏡は、狩猟における必須アイテムである。特に鳥猟では錯誤捕獲を防止するためにも、羽色の細部までわかるような鮮明な双眼鏡を持っておく必要がある。「銃のスコープを使えば？」と思う人も多いと思うが、流し猟で車の窓から銃口を「にゅっ」と出すわけにはいかないし、そもそも人目につく場所や公道上で裸銃を取り出すことは、それ自体が違法行為だ。

では、どのような双眼鏡を使えばいいのだろう？　この疑問に対する回答者の意見はいくつかに分かれた。「高倍率で高性能の双眼鏡が必要」という意見がある一方で、「低倍率でも視野が広くて軽い双眼鏡」という意見もあった。これらの違いは、その人の狩猟スタイルや狙うターゲットによる部分も大きい。

たとえば、前者の意見はカモなどの錯誤捕獲が特に問題になる狩猟や、獲物までの距離が比較的遠い鳥猟メインの人に多く見られた。一方、後者の意見は大物単独猟をメインとする人に多く、双眼鏡よりも軽量

な単眼鏡を推す人も多かった。なかには東さんのように、双眼鏡を使わず毎回銃を上げ下げしてスコープで視認するという人もいたが、これはレアケースだ。

### 狩猟に必要な要素に優先順位をつけ出せる予算の範囲で選ぶ

双眼鏡を選ぶとき、とにかく高倍率ならばいいだろうと考える人がいるが、それは違う。もちろん、鳥猟のように遠くで泳ぐカモの種類を見分けるには、それなりの倍率が必要になる。しかし、高倍率になればなるほど、視野が狭くなったり像が暗くなったりするので、使う目的に合わせて倍率・明るさ・視野（視界）という3つの要素をについて、慎重に考えなければならない。

双眼鏡には「8×30 8.3°」といった表記が書かれているのを見たことがあると思うが、この「8」は倍率が8倍、「30」は30mmのレンズ口径、「8.3°」は8.3度の実視野があるということを表している。8倍というのは80m先の場所にいるシカが、目で見

佐藤さんも愛用するスワロフ
スキーの双眼鏡。8×32で、
値段は44万円

狩猟者に人気の日本国内生
産・サイトロンの双眼鏡。
お値段お手頃14万円

たときの10m先と同じように見えるとい
うことだが、倍率が大きくなればなるほど
手ブレも大きくなる。レンズ口径は大きい
ほど光をたくさん集められるため、30㎜よ
りも42㎜のほうが対象物は明るく見える
が、レンズ口径が大きいほど双眼鏡の重量
は増す。視野も8.3°のほうが6.7°より広く、
この数字が大きいほど視野も広くなる。

では、3つの要素のどれを優先すればい
いのか？　鳥猟の場合は、鳥の羽やシル
エットを遠目からでも観察できるように高
倍率で、レンズ口径が大きいものがいい。
できれば、逆光状態で発生するフレア（視
界の一部・全体が白っぽくなる現象）やゴー
スト（レンズ内で光が乱反射して現れる光
の点）を低減する加工がされたもので、防
水仕様のものを選ぶといい。倍率は手持ち
で使うのなら8〜10倍ほどをすすめる声
が多かった。

大物猟は鳥猟とは違い、倍率よりも視野
の広さを優先したほうがいい。というのも、

獲物の姿を捉えて双眼鏡を構えたとき、視
野が広いほうが獲物を見失う可能性が低い
からだ。ただし、視野が広くて明るく見え
る双眼鏡は重くなりやすいので、選ぶとき
は必ず現物を確認しよう。

双眼鏡の販売も行っている佐藤さんに、
おすすめの価格帯について聞いてみた。

「お客様からもよく、双眼鏡の価格帯はい
くらがいいのかという質問を受けるのです
が、正直言ってその人がどこまでの性能を
求めるかで選択は違ってきます。私は仕事
柄かなり高級な双眼鏡を使っていますが、
使用感や性能もそれなりのレベルです。ま
ずは出せる予算を決めて、自分の狩猟スタ
イルに必要な要素、たとえば倍率、明るさ、
視野の広さ、重さなどに優先順位をつけて、
選ぶのが現実的だと思います」

ちなみに、双眼鏡は狩猟以外にも多目的
に使えるアイテムなので、こうしたシーン
も想定して選んでおくと、後々、重宝する
のは間違いない。

# 95

## 獲物を発見して
## 双眼鏡で見ようとすると
## どこにいるかわからなくなる

ANSWER

### 裸眼で獲物を見つけたら
### 視点を固定して双眼鏡だけ動かす

双眼鏡やスコープを使うときに初心者がやってしまいがちなミスが、獲物を見失うことである。獲物の影を感じ、とっさに双眼鏡を取り出して覗き込むが、「ん？どこだ？」と、見知らぬ景色が広がるばかり。いつの間にか、自分がどこを見ようとしていたのかさえわからなくなってしまう。もちろん、さっき見えたのが獲物だったのかどうかも、こうなったらすべて藪の中だ。

こうしたトラブルに対処する方法を、東さんが教えてくれた。

「まず裸眼で〝違和感〟を発見したら、視点をその場で固定します。次にスコープなり双眼鏡なりを、視点の先と目の間に置くようなイメージで構えてください。双眼鏡などを取り出すために視線を外してしまうと、再びそこに目線を合わせても、何が違和感だったのかがわからなくなってしまいます。双眼鏡は首からぶら下げておくか、すぐに取り出せるようにポーチに収納しておくといいでしょう」

双眼鏡の基本的な使い方について、佐藤さんは次のように説明してくれた。

「双眼鏡は〝探す〟道具ではなく、〝観察する〟道具です。初心者はしばしば勘違いしていますが、双眼鏡を覗いたまま獲物を探し回るようなことは、基本的にしてはいけません。獲物を探すときは、最も視野が広い裸眼を使って、見えている光景から少しでも違和感を感じる場所を見つけます。この違和感が何かを観察するために、双眼鏡を視線に〝かぶせる〟ようにして、その光景を拡大視するわけです」

### 双眼鏡は最高倍率で使わずに
### 明るさに合わせて倍率を変える

ここで望遠鏡やスコープの「倍率」の考え方について触れておこう。光学機器の倍率とは、肉眼と比べて「どれくらい大きく見えるのか」という割合と定義されている。つまり、8倍の倍率で800m先の物を見た光景は、100m先の物を裸眼で光景と同じように映るということだ。これは、人間の眼だけが100m先に〝ワープ〟したと考え

206

## 双眼鏡の使い方

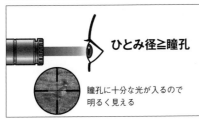

ひとみ径≧瞳孔

瞳孔に十分な光が入るので
明るく見える

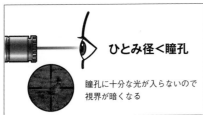

ひとみ径＜瞳孔

瞳孔に十分な光が入らないので
視界が暗くなる

①ターゲットを
まっすぐに見る

②視線を変えずに
手の動きだけで
双眼鏡を目の位置に出す

ることもできる。この一瞬で視界がワープ
することに慣れていないため、初心者は混
乱を起こしやすいのだ。

佐藤さんは初心者によくある双眼鏡の問
題について、次のようにアドバイスをする。
「初めから『裸眼』→『高倍率で双眼鏡を
のぞく』と、先に話したような混乱が起こ
りやすいです。慣れないうちは『裸眼で探
索』→『低倍率で探索』→『高倍率で観察』
と、徐々に倍率を上げるように使うといい
でしょう。そして、あまり『高倍率で使う』
ことにこだわりすぎないというのも大切で
す。スコープを使う人は最高倍率でしか使
わないことが多いですが、低倍率〜中倍率
のほうが視界は明るくなり、景色がクリア
に見えます。環境や獲物の大きさなどに
よって低倍率も使っていくのが、双眼鏡を
うまく使いこなすコツです」

双眼鏡には「ひとみ径」（網膜に入る光
の直径）と呼ばれる値がある。これは（対

物レンズ径）÷（倍率）で計算される数値
で、たとえば44mmの対物レンズ径で3〜
12倍の場合は、14.6mm〜3.6mmがひとみ径
になる。人間の瞳孔は明るいときは約2.5mm、
暗いときは約7mmの瞳の大きさになるが、
最高倍率のひとみ径（3.6mm）は、暗いと
きの瞳の大きさ（7mm）よりも小さくなる
ため、視界全体が暗く見えてしまう。つま
り、双眼鏡を使う際は常に最高倍率で使う
よりも、周囲の明るさなども考慮して倍率
を変えていく必要があるのだ。

「双眼鏡は狩猟以外にも使えるわけですが、
狩猟で双眼鏡を初めて使う人は、猟期前に
その使い方をマスターしておくことをおす
すめします。双眼鏡も静的射撃と同じよう
に、体のブレによって見えやすさが大きく
変わってくるので、ポジションの練習にも
なります。また、双眼鏡を使う練習をバー
ドウォッチングとして行えば、鳥獣判別の
目も養えます」

# 96

## 陸ガモ（水面採餌ガモ）と
## 海ガモ（潜水採餌ガモ）
## どう見分ける？

ANSWER

## シルエットや色のコントラストや
## 飛び方と着水の仕方でも判別可能

昭和46年まで、日本ではオシドリを除くカモ類はすべて狩猟鳥獣であり、「雑鴨」というザックリした分類でも、法律上は問題なかった。鳥猟師は大雑把に撃ち落としたカモの中から、マガモ（本鴨）とカルガモをだけ選別。残りの雑鴨たちがどのように処理されたのかは定かではない。

現在のようにカモが分類されるようになったのは、その食味に理由があると考えられる。カモの種類による食味の違いについて、広畑さんは次のように話す。

「ハジロ属、一般的には『潜水採餌ガモ』と呼ばれる種類は、総じて肉に独特のクセがあります。おそらく食べているエサが魚や藻、巻貝類だからと思われます。個体によってはその肉から、〝腐った海藻〟のようなニオイがします」

想像するだけでも強烈なニオイが漂ってきそうだが、もし食べるのが目的という人なら、肉の臭みが強い鳥をわざわざ撃つ必要はないかもしれない。

では、実際の狩猟者はどのような点に着目して、カモの判別を行っているのだろうか。西山さんに聞いてみた。

「まず、頭が黒、腹が白に見えるカモは、スズガモやキンクロハジロといったハジロ属である場合が多いですね。黒と白のコントラストが非常に強いので、逆光下でも比較的判別が容易です。また、頭が茶褐色に見えるカモは、ホシハジロやヒドリガモである可能性が高いです。ヒドリガモはハジロ属ではありませんが、聞いた話によると肉に臭みが強い個体と、そうでもない個体がいるようですが、人によって意見が分かれます。頭が茶色く見えるカモにはオナガガモもいますが、尾羽がピンと長いことから判別が可能です。一般的にマガモやカルガモ、コガモ、オナガガモなどは『水面採餌ガモ』と呼ばれ、潜水採餌ガモに比べて尾羽が水面よりも高い位置に見えます。水面に体までしっかりと浸かった水鳥は、カモではなくカワウなどのウ科の鳥である場合がほとんどです」

また、カモは色やシルエットだけでなく、

208

# 水鳥のシルエットと泳ぎ方による見分け方

### 陸ガモ（水面採餌カモ類）

尾が水面より高い

マガモ、カルガモ、コガモなどのマガモ類。狩猟鳥も多いが、非狩猟鳥もいるので複合的に判断すること

### 海ガモ（潜水採餌カモ類）

尾が水面より低い

キンクロハジロ、ホシハジロなどハジロ属、クロガモ属、ホオジロガモ属など。陸ガモに比べて小型の種が多い

### クイナ類など

頭を前後に振って泳ぐ

クイナ科のクイナ、バン、オオバン、またカイツブリなどはすべて非狩猟鳥

### アイサ類、ウ類

首が長く体が深く沈む

アイサ類、ウミウ、カワウなどのウ類など。水辺に立っていることも多い。狩猟鳥はカワウのみ

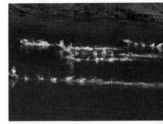

ホシハジロなどのハジロ属は水面をバタバタと走って飛び立つ

その動きからもある程度の判別が可能だと西山さんは言う。

「水鳥の中には、ニワトリやハトのように頭を前後させて泳ぐ種類がいます。こういった泳ぎ方をするのは、非狩猟鳥のバン、オオバンといったクイナ科の鳥です。バンはこれまで狩猟鳥獣でしたが、令和4年から指定が外されているので注意が必要です。また、飛び立つときの動きが、水面採餌ガモは水面を立つように飛び上がりますが、潜水採餌ガモは水面をバタバタバタと蹴るように飛び立つので、これで見分けることができます。イメージとしては水面採餌ガモのほうが警戒心は強く、潜水採餌ガモはこちらに気づいても泳いで距離を離そうとする傾向が強いと思います」

## 周囲をよく見ているカルガモ
## 警戒心の緩いオカヨシガモ

これまでデコイを使ったカモ猟をしてきたという佐藤さんは、カモの種類によって着水の仕方にも違いがあると言う。

「マガモはデコイの周りを、ぐるぐると2、3回周回して様子を見てから着水することが多いですね。カルガモは3回周回してもまだ降りてこなくて、4、5回周回してからスーッと飛んでいってしまうことも多かったです。一般的にカルガモよりマガモのほうが警戒心は強いイメージがありますが、こういった面ではカルガモのほうが周囲をよく見ている印象です。逆にデコイに対してザブンっと飛び込むように着水するカモは、十中八九、非狩猟鳥のオカヨシガモです。彼らはハンターに狙われないと知っているから警戒心が緩いのか、それとも、そもそも警戒心が緩い鳥なのかはわかりませんが、こうした飛び方や着水の仕方を観察してみると、同じカモ類でもずいぶん違いがあっておもしろいですよ」

カモの種類を覚えるには、まずその特徴を覚えて、あとはひたすら実践を積む以外にない。頑張ろう！

# 97

## 鳥猟に使役する猟犬は どこで手に入れる？ 譲り受ける際の注意点は？

ANSWER

## 信頼できるブリーダーから譲り受ける 犬舎での細かなチェックも不可欠

銃猟、特に鳥猟における猟犬の重要性は、すべての回答者が認めるところだ。事実、猟犬の育成理論や管理技術、ハンドリングに関する話の奥行きは非常に深く、とても本書に収まり切るレベルではない。狩猟関連の書籍では、猟犬の育成に関する記述だけで丸ごと一章を費やしているものも少なくない。鳥猟に至っては、猟犬を主軸にして話が展開されているものがほとんどだ。

とはいえ、猟犬への関心や興味を抱く読者も少なくないと思われるため、本書回答者の意見の中でも最も的を射ている広畑さんの見解を紹介したい。

「鳥猟犬の育成について、一問一答で解説するのは非常に難しいことだと思います。子育て本を1冊読んだだけで、子どもの育て方がすべてわかるわけではないのと同じで、生き物である猟犬の育成もまた、子育てとまったく同じように実際に触れあい、声をかけて、愛情を持って接しなければなりません。やはり猟犬だけでなく、狩猟者自身もともに成長していくという考えが、

最も大切なことだと思います」

猟犬の育成を語るうえで、まさに金科玉条とも言うべき言葉だ。こうした基本的な考え方を理解したうえで、猟犬に関するいくつかの疑問について、本書なりの立ち位置で紹介してみたい。

まず、多くの狩猟初心者が抱く疑問が、「猟犬はどこで手に入れるのか」というものだ。広畑さんに話を聞いてみた。

「猟犬との出会いは人それぞれですが、最も一般的なのはその犬種のブリーダーから譲り受けることです。ブリーダーとの出会いは口コミが多いですが、どのような方法であれ、必ずそのブリーダーが犬舎登録と動物取扱業（販売）の資格を所持していることを確認してください。なかにはモグリで行っている人もいて、血統の管理が正しく行われていなかったり、幼犬の管理がいい加減だったりすることもあります」

猟犬を譲り受ける際は必ず犬舎に足を運んで、そこの清掃状況などをチェックする。犬舎内外の様子はもちろんのこと、給餌設

飼い主との信頼関係がなければ優れた猟犬も能力は発揮できない

ブリーダーの犬舎を訪れた際は清掃状況なども細かくチェックしよう

備や水飲み場の衛生状況なども確認する。清掃状態にはそのブリーダーの〝猟犬に対する姿勢〟そのものが映し出されるからだ。また、飼育されている子犬以外の猟犬の体毛の状態、たとえばダニや目ヤニが付いていないかといった健康管理面も、ブリーダーの姿勢を見抜くポイントになる。

## ブリーダーや猟犬の選定には事情に通じた人の協力を仰ぐのも手

また、犬を譲り受ける際は、狩猟者も飼い主としての〝資質〟を見られることになると広畑さんは言う。

「信頼できるブリーダーは、猟犬たちを自分たちの子どもだと思って送り出します。里子に出す相手先の人に狩猟者としての知識があり、猟犬を育成する環境が整っているのかを確認します。もし狩猟者側にその資質がないと判断されたら、譲渡を拒否されることも珍しくありません。ペットショップと違い、猟犬はお金を積めば買えるというわけではないのです」

ひと昔前までは期待していた猟芸をしないという理由で、猟犬を猟場に捨ててきた

り、秘かに処分するという事例もあったため、ブリーダーが譲り受ける側の資質を見るのは当たり前の話だ。愛情を注ぎもせずに劣悪な環境で飼育しながら、あげくの果てに〝使えない〟呼ばわりされたのでは、ブリーダーもたまったものではない。

「猟犬を選ぶ際は、母犬の猟芸や気性なども詳しく知っておく必要があります。もちろん、その子犬に〝ひと目惚れ〟することもありますが、将来的なその猟犬の資質を知るには、その影響が強く現れる母犬の猟歴を知っておくのが一番です」（広畑さん）

以前に比べればだいぶ減ったと言われるが、いまなお儲け優先で猟犬販売をする人はいる。しかも、その人自身が狩猟者でなければ、たとえ母犬の猟芸について質問しても、適当に煙に巻かれるだけということもある。ブリーダーや猟犬を選定するときは、できればその猟犬の事情に明るい第三者の協力を仰ぎ、同行して一緒に話を聞いてもらうという手もある。猟犬とはこれから10数年にわたって生活をともにすることになるわけだから、手間を惜しんでいる場合ではない。

# 鳥猟犬として育てるための
# 訓練方法とは？

**ANSWER**

## 飼い主を好きになってもらうために
## 愛情を持って接することが重要

　過去にセターを飼っていた佐藤さんは、猟犬と一緒に鳥猟に出たときに、次のような体験をしたという。

「セターがセットしたのはよかったのですが、その鳥が当時はまだ狩猟鳥ではないカワウでした。仕方がないので『よし！』と犬に合図を出すと、カワウは飛び上がりますが、狩猟鳥ではないので撃てません。ふとセターのほうを見ると、『なんで撃たないの？』と訴えかけるようにこちらをジッと見つめていました。もし犬語が話せれば状況を説明するのですが、それもままなりません。このとき改めて『猟犬に何かを教えることは難しい』と痛感しました」

　猟犬の持つ猟芸は、本能によって行われる部分がその大半を占めている。イエイヌの祖先であるオオカミの協調性と狩猟本能の中から、狩猟に役立つ能力が〝発現〟しやすいように、人間が長い歳月をかけて品種改良を施してきたのである。

　実際に猟犬の猟芸は、人間が教え込んだ芸以上に本能的な面が大きく影響すると佐藤さんも感じているという。

「以前飼っていたセターやラブラドールレトリバーには、何か特別な訓練をしたわけではありませんが、セターは獲物にセッティングしてフラッシュ（合図をしたら獲物に飛び込む動作）をし、撃ち落とした獲物を探して回収してきました。ラブラドールも同様に、落ちた水鳥を泳いで取りにいっていました。これらの猟芸は特定の犬種しかできないわけではなく、たとえば知り合いのポインターは、泳いで水鳥の回収もするそうです。猟犬をどのように訓練するかも大切ですが、まずはその猟犬の性格やクセ、好みなどをある程度把握して、そこから猟芸を磨いていくという狩猟者側の視点も重要だと思います」

　それではまったく何も訓練をしない場合、犬はどうなってしまうのか。「養豚場から逃げ出したブタは、毛が伸びてイノシシのような姿になるそうです。これと同じよう、人間の手から離れた猟犬はいずれ〝オオカミ〟へ先祖返りをすると思います。私は猟

子犬の頃は遊び
ながら訓練を重
ねていく

犬に特別な訓練をしていませんが、それで
も猟犬たちには深い愛情を注いで接してい
ます。悪いことをすれば叱りますし、よい
ことをすればほめてあげます。こうやって
人間と猟犬との関係は、深まっていくのだ
と思います」(佐藤さん)

## 犬の個性に合った接し方が
## 最もいい訓練になる

　猟犬の訓練について、広畑さんはこう話
す。「一番大切なのは、猟犬たちが飼い主
を好きになることだと思います。たとえば、
レトリバーの猟芸では獲物を回収してくる
ことだけでなく、回収した獲物を〝食い潰
さない〟ということも重要です。これを叱
りつけて教える人もいますが、私たちの場
合は、回収してきたら猟犬をしっかりほめ
て、私たちもうれしそうな顔をします。こ
れを繰り返すことで、自然と獲物を渡して
くれるようになりました」

　猟犬の育成には電気首輪が用いられるこ
ともある。正しい猟芸をしないとか、主人
に対して反抗的な態度をとったときに、リ
モコンのスイッチを入れて通電させる。猟
犬はそのショックを恐怖として覚え、次第

に命令に対して誠実な動きをするようにな
るわけだ。このような訓練方法には否定的
な意見も多いが、そのハンドラー自身が持
つ訓練理論の下で行っている以上、すべて
を否定することはできない。

　こうした訓練の多様性をどう考えればい
いのか、再び広畑さんに聞いた。

　「わが家の2頭のレトリバーは、片方がと
ても回収能力が高く、獲物を追わせるとい
つもその子が持ってきてしまいます。そこ
で、回収した獲物をもう1頭の目の前で水
面に投げ入れて、その場で回収させてほめ
てあげます。こうしないとスネてしまうの
です(笑)。猟犬は血統だけでなく、個体
によって性格や得意なことが大きく違いま
す。その個性に合った接し方をすることが、
犬にとって最もいい訓練になるのだと思い
ます」

　猟犬が猟芸を見せるのは、それが自分の
務めだからなのか、それとも飼い主と自分
の喜びのためなのか、それは本人に聞いて
みるしかない。しかし、言葉ではない部分
でお互いの気持ちが通じ合わなければ、猟
は成り立たない。だからこそ、猟犬の訓練
は奥深いのだろう。

# 99

# 鳥の羽抜きが大変!
# 羽抜きのコツや
# 何かいい方法はない?

ANSWER

## 蝋剝きや皮ごと剝ぐ方法のほか
## 小型鳥は羽を濡らすとむしりやすい

狩猟には獲物の回収までが含まれるが、鳥猟ではさらに下処理まで行って狩猟が完結すると考えよう。というのも、鳥の羽には尾線からにじみ出る油がコーティングされているため、ベランダなどで羽抜きをすると、その油や血液などが付着してしまい、簡単に掃除できない。下処理は絶対に猟場でやってしまったほうがいい。

では、鳥の下処理はどのように行えばいいのか。基本的に羽の処理は「ただ黙々とむしるだけ」ということになるが、もちろんコツはある。まず、足や首を木などにぶら下げて処理をすると作業がしやすい。鳥の翼にある風切り羽はそのままだと抜きにくいので、いったん逆方向に折って引き抜くようにする。羽先には可食部がほとんどないので、先にハサミやナイフを使って切り落としてしまってもいい。

なお、野外で羽を抜く場合でも、下にポリ袋などを広げて羽が飛び散らないようにする。前述のように鳥の羽は油を含んでいるため、風で舞い散った羽が民家の窓や車

などに張り付いてしまうためだ。しかも、むしった羽が散乱していると、そこが猟場だと他の狩猟者に教えているようなもの。「立つ鳥跡を濁さず」ならぬ「よきハンター痕跡を残さず」だ。

### キジはむしらずに皮ごと剝ぐ
### カモはダックワックスで効率的に

獲物ごとに違ったアプローチをするというのが、井戸さんの回答だった。

「キジの場合は羽をむしらずに、皮ごと剝ぐことが多いですね。キジはカモと違って皮下脂肪がほとんどないので、わざわざ皮を残す必要性が低いと思います。獲物の体温があるうちに羽の付け根あたりを足で踏んで、キジの足を強く引っ張ると、皮ごと羽を除去することができます」

羽ごと皮を剝ぐという手法は、キジバトやカラス、海ガモなどでもよく用いられる。キジバトやカラスの場合はキジと同じ理由によるが、海ガモやカワウといった水鳥は羽の油にツンとした刺激臭が含まれている

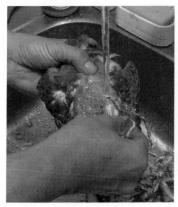

キジバトの羽の処理は水で濡ら
しながらやるとスムーズだ

羽をむしる場合は脚などを吊り下げて
からやったほうがラク

ので、それを肉に移さないためだ。もし肉を食用にしないのであれば、そのまま残滓として処理したほうがいいだろう。

「カモは『ダックワックス』と呼ばれるパラフィン（ロウソクの素材）を使って、羽を除去します。まずダックワックスの塊を鍋で熱して、溶けたらそこにカモを浸けます。鍋からカモを取り出して気温の低い場所に置いておくと、ワックスが再び固まるので、ワックスごと羽を剥がし取れば効率的に除去できます」（井戸さん）

「蝋剥き」と呼ばれるこの方法は、最近、狩猟者の間で人気が高い。特に猟期直後のカモは羽の生え変わり時期と重なることがあるため、棒毛と呼ばれる固くて抜きづらい羽が多く混じっている。これらを一斉に除去できるのも蝋剥きのメリットだ。

佐藤さんは蝋剥きの注意点を指摘する。
「羽付きのまま冷凍した場合は、蝋剥きはおすすめしません。なぜなら、冷凍すると皮が固くなってしまうため、蝋で固めてしまうと皮ごと剥がれてしまうからです。羽付きで冷凍したカモは地道に羽をむしるか、ちょっともったいないですが皮ごと剥ぎ取ってしまったほうがいいでしょう」

## 時間があれば獲ったそばから その場で羽をむしっていく

ヒヨドリやキジバトなど小型鳥の羽抜きについて、佐藤さんは次のように言う。
「待ち猟で時間があるのであれば、回収したそばから羽をむしっていきましょう。仕留めてすぐはまだ体温が残っていて、毛穴も広がっているので羽がむしりやすいはず。産毛は残りますが、ゴム手袋をはめた手で表面を撫でてやると、ある程度除去することができます。獲物が冷えてしまったら、蛇口から水を出して羽を濡らしながらむしると、まとまりがよくなってスムーズです」

キジバトも皮ごと剥ぐ方法でも問題ないが、ヒヨドリは食性により皮下にたっぷりと脂を蓄えていることがあり、特にミカンを大量に食べているヒヨドリの脂は格別！捨ててしまわないように注意しよう。

# 100

# 回収した鳥の下処理で
# 腸抜きは必要なの？

ANSWER

## 肉の臭みへの影響など諸説あるが
## 結局は狩猟者の考え方による

鳥猟では獲物の羽抜きだけでなく、その下処理もやっておく必要があるわけだが、下処理の際に腸を抜いておく〝腸抜き〟は、肉の鮮度維持に大きな影響を与えると言われている。しかし、腸抜きが必要かどうかに関しては、回答者の意見も必要と不要に分かれる結果となった。

まず「腸抜きは必要」という回答したのが、広畑さんだ。

「私はカモやキジを仕留めたら、その場で腸抜きをします。ただ、腸だけを取り出すのでなく、腹を開いて内臓すべてを取り出します。人によっては『うわぁ……』と思われそうですが、私と夫の本業は遊漁船業（釣り船）なので、鳥の腸抜きも魚の場合と大して違いはないと考えています。鳥も魚と同じように、早目に内臓を除去して腹腔はパストリーゼなどで消毒することで、肉に臭みが移ることを防げます」

対して「腸抜きする必要はない」と回答してくれたのが、西山さんだ。

「キジの場合はすぐに腸を抜かないと肉に臭みが出る印象がありますが、個人的には腸抜きはしません。一番の理由が腸を抜くことで、その内容物が肉に付着する可能性があるからです。腸を抜かなくても、腸を傷つけずに肉を取る解体方法があるので、あえて汚染のリスクを負う必要はないと思います」

それぞれ独自の考え方があるので、もちろんどちらが正しいという話ではない。広畑さんによると、「抜いた内臓は猟犬たちにご褒美として与える」という。飼い主にほめられることがうれしいという猟犬にとって、獲物の内臓も頑張った〝ごほうび〟に他ならない。猟犬たちはその味を覚え、次の狩猟でまたやる気を出す。こうした積み重ねが、人間と犬とのより強固な信頼関係につながっていくのだろう。

一方、西山さんは腸を抜かない代わりに、「獲物はできるだけ早めに冷やして肉が傷まないようにする」と言う。腐敗は細菌などの微生物によってもたらされ、その微生物の巣窟となるのが消化器官だと考えれば、

一般的な腸抜きはガットフックと呼ばれるカギ状の棒を使って行われる。先端を肛門に入れ、腸壁にカギを引っかけてゆっくりと引っ張り出す。ある程度引っ張って自然に切れるところまでで OK

腸抜きによって腐敗の〝元を断つ〟、というのが一般的な考え方だ。しかし、西山さんは腐敗のもうひとつの原因である〝温度を断つ〟ことで、その問題を解決しているわけだ。ただ、そこには例外もあると西山さんは話す。

「普段は腸抜きをしませんが、弾が腹部に命中したときはその場で内臓ごと取り出します。これは鳥類の腸内に潜む病原性のある微生物や、ウイルスがこれ以上漏れ出ないようにするためでもあります」

## 食味ということで考えればが下処理よりも火入れが重要!?

ちなみに、腸抜きどころか何もしないと回答したのが、佐藤さんだ。

「私は鳥に関しては、腸抜きや血抜き、屠体の乾燥、即時冷却のどれも行いません。実際に何もしていない鳥を料理して食べてみるとよくわかりますが、肉に内臓からのニオイはほとんど移りません」

また、佐藤さんは鳥の食味についても次のように話す。

「食べることにこだわるのであれば、肉の熟成方法や火の入れ方ということのほうが、より重要になります。火の入れ方がヘタクソなジビエは、獲物をどのように下処理したとしても、臭くておいしくないと私は思います。以前、ある有名なジビエレストランでカラスを食べたところ、とても臭くてまずかったのです。その経験から、ずっと『カラスはまずい鳥』だと思っていたのですが、先日、仕留めたカラスをしっかりと火入れをして調理して食べたところ、驚くほどおいしかったですねぇ。同じ食材でも、調理の仕方ひとつでここまで変わるわけですから、ジビエの世界は奥深いものだと実感しました」

広大な裾野を有する狩猟の世界の周りには、これまた無限の守備範囲を持つジビエの世界が広がっている。しかし、その世界を構成するのは、たとえば「鳥の腸抜きをやるかどうか」という疑問の積み重ねに他ならない。銃猟にまつわる疑問はまだまだ尽きないが、残念ながら切りよく100問で打ち止めとさせていただくことにする。

## おわりに

現在の日本において、
銃猟を始めるためのハードルは決して低くはない。
狩猟免許に合格し、銃砲所持許可を取得し、
銃を手にした後も年1回の銃砲検査と、
3年に1回の更新手続きが待ち構えているという現実は、
正直いってかなり面倒ではある。
しかし、こうしてエネルギーと時間とお金を費やして、
ようやくたどり着いた「銃猟の世界」なのだから、
それを極めないのは実にもったいない話だ。
1日も早く狙いどおりに獲物が獲れるハンターになって、
充実した〝狩猟生活〟を楽しんでほしい。
そんな想いで企画したのがこの本である。

本書では銃猟に関する知見と技術を有する、

９人の方に回答者として協力していただいた。

ハンターであり銃砲店店主でもある

岡部さん、内藤さん、佐藤さん、近藤さんの専門知識は、

銃猟の基本を学び直すという意味でも多くの気づきがある。

単独猟という大物猟のスタイルを追求する井戸さんや東さんの考え方は、

実践的な銃猟の方法論を考えるうえで大いに参考になる。

鈴木さん、広畑さんが持つ猟犬への興味と知識は、

銃猟がこれからどうあるべきかという示唆に富んでいる。

女性率１％未満だった狩猟業界に果敢に飛び込んだ西山さんは、

銃猟に興味を抱きつつも躊躇していたビギナーにヒントをくれた。

この場を借りて、改めて皆さまにお礼を申し上げたい。

銃猟についての疑問が生じたら、まずは本書を開いてみる。

本書をそんな〝座右の書〟にしていただけたら、

これほどうれしいことはない。


『狩猟生活』編集部

# 銃猟 Q&A 100
## 回答者一覧
（敬称略）

**佐藤一博** 埼玉県加須市の銃砲店『豊和精機製作所』代表取締役。狩猟歴20年以上というベテランハンターでもある。猟銃や空気銃、狩猟全般に関する質問や疑問に、SNSなどを通して回答している。エアライフルスクールの主催やエアライフルハンティングガイドなども行っている。

**岡部 修** 佐賀県伊万里市の銃砲火薬店『あくあぐりーん銃砲店』代表取締役。銃砲店では猟銃だけでなく、プレチャージ式空気銃を長年取り扱っており、店内にはトルコ・ハッサン製のハイパワー空気銃などが並ぶ。射撃に関してはスキート射撃でトリプルAを10回、6段合格の腕前を持つ。

**内藤博文** 創業は寛永5年、江戸時代から続く福岡県福岡市の老舗銃砲火薬店『博多銃砲店』店長。先代を継いでから銃砲店経営は47年を数え、博多に残る唯一の銃砲火薬店として、九州全土に顧客を持つ。初心者から常連客まで、幅広い客層からの銃に関する相談に乗っている。

**井戸裕之** 東京・表参道にある銃砲店『f-range』の商品開発最高責任者。元陸上自衛隊空挺隊員という異色の経歴を持ち、銃や装備に関する豊富な知識を持つ。自身が経営するインターネットショップ『カカシラボ』で扱う、独自の経験から生み出された多数の銃猟アイテムが人気を博している。

**近藤能久** 静岡県静岡市の銃砲店『くまひさ』代表取締役。静岡県猟友会 副会長。ハンドロード用品を多数取り扱っており、スラッグ・サボット弾のハンドロードに精通。狩猟はサボット銃によるロングレンジスナイピングがモットーで、「精密射撃には練習が重要」との考えで射撃会や練習会なども主催する。

**広畑美加** 大分県大分市で銃猟をメインに活動する猟歴14年の女性ハンター。大阪から夫婦でこの地に移り住み、現在は猟犬4頭と共に狩猟中心の生活を送る。シカ肉販売（ペット）の「まりんずている」運営。本業は学習塾講師。

**東 良成** 三重県紀和町在住の猟歴17年の専業猟師。限界集落で農地を守る猟師の高齢化が進むなか、独自の忍び猟スタイルで年間200頭の捕獲数を誇る。「20年後には日本全国で同じような問題が起きる」という考えから、自身の忍び猟の技術をSNSなどで積極的に発信している。

**鈴木数馬** 埼玉県比企郡で活動する巻き狩りグループの若き勢子。もともとは空気銃での単独猟を行っていたが、射撃場で現在の猟隊長から声をかけられ入隊。現在では自身でも猟犬を飼うほど巻き狩りの世界にのめり込んでいる。ハーフライフル銃、空気銃を所持。

**西山萌乃** 千葉県船橋市在住の猟歴4年の女性ハンター。平日は会社員として働きながら、土曜日は鳥猟、日曜日は銃砲店主催の巻き狩りに参加。所持している銃は散弾銃2挺と空気銃1挺。射撃の技術を磨きながら、独自の視点で狩猟の楽しさを追及している。

〈参考文献〉

『日本伝統狩猟法─写真記録』
（堀内讃位／出版科学総合研究所）

『日本狩猟百科』
（全日本狩猟倶楽部）

『ザ・ショットガン』
（堀尾 茂／狩猟界社）

『狩猟古秘伝』
（日本常民研究所）

『狩猟読本』
（大日本猟友会）

『これから始める人のための狩猟の教科書』
（東雲輝之／秀和システム）

『これから始める人のためのエアライフル猟の教科書』
（東雲輝之／秀和システム）

『女猟師』
（田中康弘／枻出版社）

『狩猟生活 Vol.11』
（山と溪谷社）

『狩猟生活 Vol.12』
（山と溪谷社）

〈参考サイト〉

新狩猟世界
https://chikatoshoukai.com

Kenko Tokina「双眼鏡・単眼鏡の基礎知識」
https://www.kenko-tokina.co.jp/special/
product_type/bino/basic_bino.html

NPO 法人バードリサーチ「カモ類の個体数」
http://www.bird-research.jp/1_katsudo/waterbirds/
gankamo/pop_analysis.html/

## 〈STAFF〉

### 〈編集協力・執筆〉

**東雲輝之**
（チカト商会）

**後藤 聡**
（Editor's Camp）

### 〈編集〉

**鈴木幸成**
（山と溪谷社）

### 〈カバー・表紙・本文デザイン、DTP〉

**本橋雅文**
（orangebird）

### 〈写真〉

**東雲輝之**

### 〈図版制作〉

**小野寺勝弘**

# 狩猟の疑問に答える本——銃猟Ｑ＆Ａ100

2023年2月5日　初版第1刷発行

編者　『狩猟生活』編集部
答える人　佐藤一博（豊和精機製作所）、岡部 修（あくあぐりーん銃砲店）、
内藤博文（博多銃砲店）、井戸裕之（ネットショップカカシラボ）、
近藤能久（くまひさ）、広畑美加（大分県の猟師）、東 良成（三重県の猟師）、
鈴木数馬（埼玉県の猟師）、西山萌乃（千葉県の猟師）
発行人　川崎深雪
発行所　株式会社 山と渓谷社
〒101-0051
東京都千代田区神田神保町1丁目105番地
https://www.yamakei.co.jp/
印刷・製本　株式会社 シナノ

◆乱丁・落丁、及び内容に関するお問合せ先
山と渓谷社自動応答サービス　電話03-6744-1900
受付時間／11時〜16時（土日、祝日を除く）

メールもご利用ください。【乱丁・落丁】service@yamakei.co.jp
【内容】info@yamakei.co.jp

◆書店・取次様からのご注文先
山と渓谷社受注センター　電 話 048-458-3455
FAX 048-421-0513

◆書店・取次様からのご注文以外のお問合せ先
eigyo@yamakei.co.jp

＊定価はカバーに表示しております。
＊本書の一部あるいは全部を無断で複写・転写することは、
著作権者および発行所の権利の侵害となります。